零基础德式家庭甜点
DAS KONDITOREIBUCH

零基础德式家庭甜点
DAS KONDITOREIBUCH

日本辻制果专门学校　编著

周小燕　译

煤炭工业出版社
·北京·

DIE DEUTSCHE BACKWAREN

DIE WIENER SÜßSPEISEN

本书使用的基础酱汁

日版原书作品名：ドイツ菓子・ウィーン菓子　基本の技法と伝統のスタイル

日版原书监修者：長森 昭雄 (著)，大庭 浩男 (著)，辻製菓専門学校 (監修)

关于基础面糊

德国篇，按照糕点基础面糊的种类总结。开始部分有关于基础面糊的说明，P44之后的打发面糊类大多根据糕点的不同，对面糊加以创新，所以首先介绍的是代表性的面糊，之后介绍直接使用此种面糊制作的糕点，最后分别介绍将面糊创新的糕点，并详细列举了面糊的做法和搭配方法。维也纳篇，详细介绍了各种糕点基础面糊的做法和搭配方法。

关于材料栏

每种材料左侧都用德语标记。将材料名字加粗，表示面糊和奶油酱不是单独的材料，而是复数的辅助材料做成。标记是用辅助材料或者参考之前介绍过的方法制作。材料名字中带有页码指示的地方是指比例、做法参考对应页数，做法中带有页码指示的地方是指比例在材料栏中的描述、做法参考对应页数。

各种标记的意义

○=制作前的准备
＊=材料名字或者做法中的内容在本页内有标注
*=参考下述"关于材料和提前准备"
+=掌握做法中的关键点

关于材料和提前准备

（*标记都标注在该内容的右上方）

面粉

糕点一般使用低筋面粉。需要提前过筛备用。需要放入其他粉类时，均匀混合后再过筛一次。和粗粒的果仁粉末混合过筛时，使用笊篱。撒粉、手粉一般使用高筋面粉。

澄粉*

小麦制成的淀粉。不能形成面筋，所以混入面糊能做出轻盈的口感。

砂糖

使用纹理细腻的制作糕点用的细砂糖。

盐

使用精制盐。

黄油

使用无盐黄油。

淡奶油

使用纯乳脂的奶油。没有特别注明的话，使用乳脂含量38%的淡奶油。

吉利丁片

使用大量的冰水浸泡变软，拧干水分后再用。

糖浆*

砂糖和水比例2:1的糖浆。加热将砂糖融化，常温放凉后备用。

给巧克力调温

可可含量较多的制作糕点用的巧克力。隔水加热，将巧克力加热到完全融化。甜巧克力加热到50℃~55℃，牛奶巧克力加热到45℃。调温后放凉到30℃~31℃，进行淋面等步骤。

调温*

在融化的调温后巧克力内放入切碎的巧克力，让温度降到30℃~31℃。也可以在碗底放上凉水，冷却到27℃~28℃，再隔水加热到30℃~31℃。

果仁类

需要烘烤果仁时，将果仁放在180℃的烤箱中烤成焦黄色，放凉备用。将烘烤后的榛子、核桃切末或者用搅拌机搅碎备用。如果注明切细末的话，要磨成细腻的粉末。

杏仁糖*

保存状态下质地略硬，在操作台上伸展揉捏，揉到质地顺滑、没有颗粒的状态后，和其他材料均匀混合。关于杏仁糖请参考P57，自己制作杏仁糖请参考P115。

刷面蛋液*

将鸡蛋打散后使用。刷在糕点表面，让糕点呈现光泽。

酒糖液*

德语"zum tranken"指的是使用酒等增添味道的糖浆。海绵蛋糕烘烤完毕后，为了丰富味道、质地绵软，需要用刷子刷一层糖浆（P87图片10）。

翻糖*

倒入翻糖的10%糖浆（酌情加减），混合均匀后加热到约37℃，调整到适合淋面涂抹的硬度。想要放入巧克力丰富味道的话请参考P69。

关于工具

制作糕点和面包的搅拌机

制作面糊和奶油酱时一般是使用机器。制作糕点用搅拌机在法语中叫做"melangeurt"，根据用途可以替换合适的搅拌配件。产品不同，名字也略有差异，如打蛋器形状的打蛋棒、搅拌黄油和杏仁糖的树叶棒、搅拌发酵面团的搅拌钩。搅拌发酵面团时，使用制作面包用的纵型（大型）搅拌机。

烤箱

烤箱需要提前预热。温度和烘烤时间用[ ]表示。无法分别调整上下火温度的烤箱以上火温度为准。

DIE DEUTSCHE BACKWAREN

德国糕点篇

历史和特点

德国糕点有什么特点？说起德国的经典糕点，大量使用蜂蜜和香料的香料饼干、使用杏仁糖的糕点以及年轮蛋糕、黑森林樱桃蛋糕等糕点都充分展现了中世纪以来作为东西方贸易中转地的繁华盛景。

其实，德国糕点大量吸收了邻近诸国的糕点特色。比如，作为德国糕点的象征，年轮蛋糕就有从其他国家传播而来的记录，捷克的Rrdelnik、匈牙利的Kürtős Kalács、波兰的Sekacz、立陶宛的Šakotis、蒂罗尔地区的Pfluger、巴斯克地区的Gâteau à la broche等糕点都可以算作年轮蛋糕的起源，类似的糕点不胜枚举。位于欧洲东西方文化的交汇之地，其周边的糕点文化也随之传播进来，而后生根发芽。另外，德国长期未能统一，无法实现中央集权，直到近代仍是一个自治权强烈的地方政权集合体。多为新教体系的北部和以天主教为中心的南部，在宗教文化上有根本性的差异，语言也不尽相同。特别是南部的巴伐利亚地区和澳大利亚联系紧密，糕点也很难用国境线来区分。

所以，受到多方文化的影响以及立足当地风土人情和气候而出现的独特味觉和视觉效果，德国糕点文化逐渐发展起来。

本书分别从以下3个方面讲述了德国糕点的特点：

第一，根据面糊类型分类。首先面糊分为"Teig"（主要成分为面粉，揉捏制成）和"Masse"（一般打发蛋液制成）两大类。作为基础面糊，虽然也有相当于法国糕点的折叠派皮、揉捏面团、发酵面团、泡芙面糊、黄油面糊、海绵蛋糕面糊等，但德国糕点很少有使用泡芙面糊和折叠派皮的糕点，而且发酵面团的糕点十分丰富。另外，使用古老香料的糕点（香料饼干）种类较多，也称得上自成一派。面糊中不使用杏仁粉，而是杏仁糖，也是一大特色。

第二，糕点的颜色搭配与本土的风土人情和气候息息相关。德国本土的特产往往颜色并不鲜亮，所以需要稍加创新来增添厚重感，这也是德国糕点推陈出新的原因之一。比如，使用苹果、核桃、榛子和罂粟籽的糕点就非常鲜明地呈现了德国糕点的特点。另外，使用奶酪的糕点也很丰富，这也是特点之一。

第三，糕点的形状和结构。首先，大半都是一体蛋糕和切块蛋糕。蛋糕一词的来源是拉丁语的"torta"（卷起、拧起的意思）。标准大小为直径24cm，一般切成14等份。在分切蛋糕前，对蛋糕进行装饰。切块蛋糕由动词"schneiden"（切割）衍生而来。也有将一体蛋糕和切块蛋糕结合使用的做法。

另外，将一体蛋糕按照蛋糕片和奶油酱层层叠加，做成"schichttorte"（层状结构的糕点）结构的糕点。制作这种糕点时，将面糊在烤盘内摊平，做成一片圆形的薄蛋糕片。这比放入模具中烘烤后再分切成薄片的蛋糕受热更充分，更能凸显奶油酱和蛋糕的美味。

还有，将在浅四方形模具中烘烤的面团两端缠绕，做成交叉的形状，布雷茨就是这种形状，还有咕咕霍夫这样类似皇冠形状等各种各样的形状。另外，对饼干来说，有切割、压模和造型3种整形方法，能变换出多种形状。

本书介绍的大部分糕点都是辻料理专业学校的学生制作的。虽然他们尚处实习期，但也能成功做出这些漂亮的糕点。通过学习来提高技能，根据这些高成功率的方子和做法做出原汁原味的专业糕点。希望能对大家认识德国糕点有一定帮助。

长森昭雄

Blätterteig 树叶派皮
折叠派皮

和用面皮将黄油包裹折叠的普通做法不同，这里介绍的是用黄油包裹面皮的做法。这种做法做成的派皮也叫做法国派皮。Blatt（blätter）:树叶

	材料（成品约1.3kg）	
Vorteig	中种面团[1]	
Weizenmehl	低筋面粉	200g
Weizenmehl	高筋面粉[2]	200g
Salz	盐	10g
Wasser	水	280~300g
	折叠用	
Weizenmehl	低筋面粉	100g
Butter	黄油	500g

* [1] 提前准备好的面团。这里指的是派皮。
* [2] 高筋面粉最好使用法国面包粉。
* 低筋面粉和高筋面粉均匀混合，过筛备用。

制作方法

1 制作中种面团。粉类内放入盐和水，用手揉匀。放入冰箱冷藏30~45分钟，取出后用擀面棒擀成20cm×40cm的面皮。

2 100g低筋面粉用作撒粉，用擀面棒将黄油敲打变软。边放入全部低筋面粉混合，一边用擀面棒擀成40cm×40cm的薄皮。

3 黄油上放上中种面团，将黄油对折2次，将面团包裹起来。

4 用擀面棒按压着将面团擀成40cm×60cm的面皮，对折3次。旋转90°后，再擀成相同大小，对折3次（2遍）。放入冰箱冷藏约30分钟。

5 面团冷却后，同样的对折3次重复2遍，放入冰箱冷藏约45分钟。最后再来1遍对折3次，放入冰箱冷藏静置（对折3次重复5遍）。

+ 每次静置时，用手指按下痕迹表示对折的次数。

Blitz Blätterteig 闪电折叠派皮
快速折叠派皮

将粉类完全混合前，和切成块的黄油一起折叠，比普通折叠派皮花费时间短，这就是速成法。Blitz:闪电

	材料（成品约1.1kg）	
Weizenmehl	低筋面粉	250g
Weizenmehl	高筋面粉[2]	250g
Salz	盐	10g
Wasser	水	225g
Butter	黄油	400g

* [2] 和上栏[2]相同。
* 低筋面粉和高筋面粉均匀混合，过筛备用。

制作方法

1 碗内放入粉类，中间挖出小洞，里面放入水和盐。边充分揉匀，边放入切成3cm小块的坚硬黄油，揉到均匀混合。

2 将面团放在操作台上，按压后揉圆，擀成平坦的正方形。擀至纵长比横长大3倍，然后对折3次（黄油仍斑驳可见）。

3 转换方向，同样擀薄对折3次（对折3次重复2遍）。放入冰箱冷藏约30分钟。再来2遍对折3次。静置约30分钟，最后1遍对折3次。放入冰箱冷藏备用。

Käsestangen
酥脆奶酪棒

折叠派皮与奶酪、香料做成的烘烤糕点。没有甜味，口感略咸，非常适合搭配餐前酒和啤酒。虽然使用折叠派皮，但并不要求一定层次丰富，所以可以将制作其他糕点剩余的派皮重新揉匀擀薄后使用。

	材料（40cm长的30根）
Blätterteig	折叠派皮　300g
Ei zum Bestreichen	刷面蛋液*　适量
zum Bestreuen	撒粉
┌ Parmesankäse	帕马森奶酪粉　60g
└ Paprikapulver	辣椒粉　3g

Käse: 奶酪、Stange: 棒

制作方法

1　帕马森奶酪粉和辣椒粉均匀混合。

2　将折叠派皮擀成30cm×40cm、厚3mm的长方形薄皮，放入冰箱冷藏。

3　表面刷上一层蛋液，半面撒上一半的**1**，用擀面棒按压，和剩余的半面对折重合。

4　表面刷上一层蛋液，撒上剩余的**1**，用擀面棒按压，擀成30cm×40cm的长方形薄皮，快速冷冻到坚硬。

5　用滚刀切成1cm宽的绳子形状，两端系紧，拉伸到更细。

6　放入烤盘内，两端用手指按压，刷上蛋液。

7　盖上两层烤盘后，用烤箱烘烤。[上火180℃/下火150℃:约20分钟]

8　烘烤完毕后放在烤网上放凉。切成约10cm长。

3　　　　　　4

5　　　　　　6

Rheinischer Königskuchen

莱茵三圣贤糕点

大量黄油、蛋黄和酒渍水果均匀混合，用分蛋打发法做成蛋糕，作为折叠派皮的馅料烘烤。这是一款分量十足的糕点，名字是1月6日主显节糕点的意思，因当天烘烤食用而得名。"Rheinnisch"意为莱茵河流域。因下游的科隆大教堂放有三王（东方三圣贤）的遗骨而著名。

	材料（直径26cm的圆形模具*，1个）
Blätterteig	折叠派皮（P8） 450g
Füllung	馅料
Weizenmehl	┌ 低筋面粉 180g
Butter	黄油 180g
Eigelb	蛋黄 150g
Zucker	砂糖 80g
Eiweiß	蛋白 160g
Zucker	砂糖 120g
Salz	盐 1g
Vanilleessenz	香草精 少量
Rosinen mit Rum	朗姆酒渍葡萄干 90g
Korinthen mit Rum	朗姆酒渍科林斯葡萄干 90g
gewürfeltes Orangeat	橙皮（切块） 50g
gewürfeltes Zedratzitronat	砂糖渍香水柠檬皮（P33、切块） 30g
Zimt pulver	└ 肉桂粉 2.5g
Ei zum Bestreichen	刷面蛋液* 少量
Dekoration	装饰
Kandiszucker	┌ 白砂糖 20g
gehackte Mandeln	杏仁碎 15g
Staubzucker	└ 糖粉 适量

* 无盖的圆形模具。Konisch：椭圆形。

制作方法

○ 馅料的黄油和低筋面粉放入冰箱冷藏备用。
○ 杏仁碎用水浸泡。

折叠派皮铺入模具

1 将折叠派皮擀成2mm厚、60cm×40cm的长方形派皮，叉孔（P12），放凉。切成40cm的小块，折叠出褶皱A，模具涂抹一层黄油(分量以外)，铺上派皮B，让派皮紧贴模具C。放入冰箱冷藏备用。

2 将剩余的折叠派皮切成10根5cm宽的带状。

制作馅料

3 低筋面粉中放入黄油，黄油撒粉，用刮刀切拌成细长的骰子形状A。放入葡萄干、果皮类和肉桂粉，搅拌均匀B。放入冰箱冷藏备用。

4 蛋黄内放入80g砂糖，用力打发到颜色发白、体积膨胀的状态。

5 蛋白内放入盐、120g砂糖和香草精，制作质地柔软的蛋白霜。开始放入少量砂糖，边打发边分几次放入。

+ 打发到有小角立起、尖角弯曲的状态即可（参考P64~P65）

6 **4**和**5**均匀混合A，**3**放入B，搅拌均匀C。

烘烤、装饰

7 在1的模具中倒入**6**，将带状的折叠派皮摆成格子形状，将多余的面团切掉A。格子上刷上一层蛋液，撒上杏仁碎和白砂糖B。

8 烘烤时中间盖上油纸，以免烤焦。[上火180℃/下火180℃:15分钟→上火160℃:35~40分钟]

9 脱模放凉，撒上糖粉。

+ 可以抹上果酱来代替杏仁碎和白砂糖。

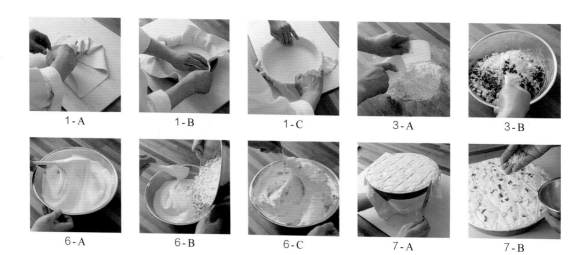

1-A　　1-B　　1-C　　3-A　　3-B

6-A　　6-B　　6-C　　7-A　　7-B

Holländer Kirschschnitten

荷兰樱桃派

这款糕点的特点是鲜艳的红色果酱搭配派皮，也叫做荷兰折叠派皮。快速折叠派皮、酸樱桃和利口酒奶油酱叠加做成。这次制作的是长方形切块蛋糕，也可以做成圆形蛋糕。切块蛋糕指的是Schnitte（切薄片、1片）的复数组成的长方形蛋糕。

	材料（9cm×38cm，2个）
Mürbeteig	甜酥派皮（P14） 300g
Blitz Blätterteig	快速折叠派皮（P8） 600g
Himbeermarmelade	覆盆子果酱（P116） 100g
Kirschkompott	酸樱桃果泥（P116） 600g
Kirschsahnekrem	利口酒打发淡奶油
flüssige Sahne	⎡ 淡奶油 600g
Läuterzucker	糖浆* 60g
Kirschwasser	利口酒 60g
Blatt Gelatine	⎣ 吉利丁片 9g
Dekoration	装饰
Aprikosenmarmelade	杏酱（P116） 适量
Lebensmittelfarbe	食用色素（红色）
Fondant	翻糖 适量
Blätterteigbrösel	朗姆酒 适量
Schlagsahne mit Zucker	加10%糖的打发淡奶油 200g
gehobelte Pistazien	开心果片 少量
Sauerkirsche	⎣ 糖浆渍酸樱桃（瓶装） 20个

制作方法

烘烤甜酥派皮

1 将甜酥派皮擀成3mm厚，空烤（P16），切成2片9cm×38cm的长方形。

烘烤快速折叠派皮

2 将快速折叠派皮擀成40cm×60cm的长方形派皮。盖上油纸，放入冰箱冷藏约30分钟。

3 将**2**叉孔*，放在烤盘中间，完全烤熟。[上火200℃/下火150℃:5分钟→上火180℃/打开风档，放上蛋糕架，2层烤盘:约40分钟]

4 **3**烘烤完毕后切成6片9cm×38cm的长方形。

+ 每一次操作使用3片派皮。将边缘切整齐。

制作利口酒打发淡奶油

5 根据材料表中的分量制作放入吉利丁片的利口酒打发淡奶油（参考P113:吉利丁打发淡奶油）。

组合

6 **1**抹上覆盆子果酱，放上1片**4**，轻轻按压。用13mm的圆口花嘴将利口酒打发淡奶油挤入派皮的两端和中间，挤出3道淡奶油。淡奶油中间放上酸樱桃果泥，再挤入淡奶油，放上1片**4**。用利口酒淡奶油涂满后，用刮刀整形，放入冰箱冷藏凝固。

装饰

7 在剩余1片**4**上薄薄抹一层煮好的红色杏酱A，晾干。再薄薄抹一层翻糖B，放入上火200℃的烤箱烘烤1~2分钟，倒出剩余的翻糖，让表面干燥，放凉。

8 切成3.5cm宽A，放在**4**上面B。要整齐分切，侧面裹上派皮碎，用星形花嘴（8齿、直径11mm）挤入打发淡奶油，装饰上酸樱桃和开心果。

★ 为了让派皮均匀膨胀，需要提前叉孔。用叉子或者滚刀叉孔（参考P16:图片1-A），这样烘烤时水蒸气可以蒸发出来。

Variante 创新

Holländer Kirschtorte

荷兰樱桃蛋糕

P13图片右侧。直径24cm的圆形蛋糕。

6

7-A

7-B

8-A

8-B

Mürbeteig 蓬松派皮

甜酥派皮

基本比例是砂糖：黄油：面粉=1：2：3。蛋液内蛋白略多，质地会变硬，蛋黄略多的话会变得蓬松（mürb）。

材料（成品约800g）		
Weizenmehl	低筋面粉	375g
Butter	黄油	250g
Zucker	砂糖	125g
Ei	蛋液	50g
Eigelb	蛋黄	20g
Salz	盐	2g
Zitronenabgeriebenes	柠檬皮屑	1g
Vanilleessenz	香草精	少量

○ 黄油回温到约28℃。

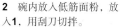

制作方法

1 黄油用制作糕点的专用搅拌机搅拌到没有疙瘩。放入砂糖搅拌，依次放入蛋液和蛋黄。放入盐、柠檬皮屑和香草精，搅拌均匀。

2 碗内放入低筋面粉，放入1，用刮刀切拌。

3 揉到还略微能看到生粉时放入保鲜袋中。

4 用擀面棒按压擀平，放入冰箱冷藏静置。使用时从冰箱拿出，轻轻揉匀。

+ 圆形擀薄时：整形成椭圆形，按压整成圆盘形状，然后用擀面棒擀薄。

Streusel 撒粒面团

酥粒

不放入蛋液（水分）的一种甜酥派皮。基本比例是砂糖：黄油：面粉=1：1：2。名字来源于动词streuen（撒上）。

材料（成品370g）		
Weizenmehl	低筋面粉	170g
Zimtpulver	肉桂粉	1g
Butter	黄油	100g
Zucker	砂糖	100g
Vanilleschote	香草豆荚	1/2根
Zitronenabgeriebenes	柠檬皮屑	1g
Salz	盐	2g

○ 黄油回温到约28℃。
○ 将香草豆荚剖开，取出香草籽，与砂糖均匀混合。

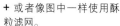

制作方法

1 黄油内放入砂糖、香草籽、柠檬皮屑和盐，用打蛋器搅拌均匀。然后放入混合过筛的低筋面粉和肉桂粉，用刮刀切拌，用手掌搅拌成蓬松的状态。

+ 或者像图中一样使用酥粒滤网。

2 方盘铺上油纸，将面糊摊在上面，放入冰箱冷藏凝固。将相同的步骤重复3~4次，做成颗粒基本相同的酥粒。

* 制作日本糕点金团时，也叫做金团滤网。圆形的金属圈里面是格子形状的网。将格子略微倾斜使用。

Mürbebrezeln
2种派皮的布雷茨面包

布雷茨面包是撒上粗盐，烤到发硬的面包，从古罗马时代基督教徒晚餐食用的圈圈形状的面包演变成现在这样的形状。用甜酥派皮和折叠派皮叠加，做出这种标志性的形状的Gebäck（饼干）。

	材料（12cm×8cm，约30个）	
Blätterteig	折叠派皮（P8）	300g
Mürbeteig	甜酥派皮	300g
Aprikosenmarmelade	杏酱（P116）	适量
Fondant	翻糖*	适量
geröstete,gehobelte Mandeln	烤杏仁片	适量

制作方法

1 甜酥派皮和折叠派皮各自擀成30cm×40cm的派皮。
2 折叠派皮表面刷上一层水。甜酥派皮错开一半放在折叠派皮上A，折叠派皮和甜酥派皮各自翻折B。
3 用擀面棒擀成30cm×40cm，两种派皮紧贴在一起，放入冰箱冷藏静置约30分钟。
4 用滚刀切宽1cm、长40cm，拉伸至约50cm，略微旋转，做成棒状。
5 手掌反方向移动，边拧紧边旋转。
6 拿着两端，在面前绕一圈，在中间做一个圆。两端向上，调整形状。
7 摆在烤盘上，再取一个烤盘放在烤箱中间，将放有面包的烤盘放在上面烘烤。[上火180℃/下火150℃:约20分钟]
+ 甜酥派皮更容易上色。
8 烘烤完毕后放在烤网上放凉，抹上杏酱和翻糖（P12）。或者可以抹上杏酱，撒上杏仁片。

2 - A

2 - B

5

6

Mohnkuhen mit Birnen / Mohnkuchen mit Streuseln

洋梨罂粟籽蛋糕/酥粒罂粟籽蛋糕

德国糕点和面包经常使用罂粟籽。罂粟籽和黄油或者杏仁糖混合制作成的罂粟粒抹在甜酥派皮上，摆上洋梨，上面撒上酥粒。
虽然可以将罂粟籽烘烤后磨碎使用，但这款糕点直接食用时口感更独特。

材料（30cm×40cm×3.5cm模具，1个）

Mürbeteig	甜酥派皮（P14）	800g
Mohnmasse	罂粟粒	
grau Mohn	⌈ 罂粟籽*	500g
Wasser	水	250g
Marzipanrohmasse	杏仁糖*	200g
Butter	黄油	200g
Salz	盐	1g
Zucker	砂糖	400g
Ei	蛋液	400g
Biskuitbrösel	蛋糕末	500g
Zimtpulver	⌊ 肉桂粉	4g
	（放入洋梨时）	
Mürbeteig	⌈ 甜酥派皮（P14）	200g
Birne mit Sirup	糖浆渍洋梨	6个
Ei zum Bestreichen	刷面蛋液*	少量
Aprikosenmarmelade	杏酱（P116）	适量
Fondant	⌊ 翻糖	适量
	（使用酥粒装饰时）	
Streusel	⌈ 酥粒（P14）	215g
Staubzucker	⌊ 糖粉	适量

＊ 有白色和略带黑色的灰色2种，这里使用
后者。也叫做blau mohn。

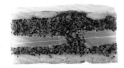
放入洋梨

酥粒装饰

制作方法

○ 罂粟粒中的黄油回温到约27℃。蛋糕末和肉桂粉均匀混合。洋梨沥干水分，切成6等份的扇形。

甜酥派皮空烤，铺入模具

1 将800g甜酥派皮擀成35cm×45cm的5mm厚面皮，叉孔A（P12*）。放入烤箱180℃烘烤约20分钟后取出B。

2 放凉到可以触碰的程度（30℃~40℃），再放入烤箱烘烤8~10分钟，进行二度烘烤。

3 烘烤完毕后，放凉，趁略有温度、质地柔软的时候切成和烤盘（30cm×40cm）差不多大小。铺在模具底部。

＋ 甜酥派皮空烤后作为派底。一般要完全烤熟，这样二度烘烤时就容易均匀上色了。

制作甜酥派皮的带子和罂粟粒

4 将200g甜酥派皮擀成2mm厚，切成1cm宽的带状，准备10根。

5 方盘内放入罂粟籽，将分量以内的水加热到沸腾，均匀淋在罂粟籽上，盖上保鲜膜，室温静置放凉。

6 将杏仁糖和黄油均匀混合，用制作糕点的专用搅拌机搅拌。放盐，然后交叉放入砂糖和蛋，放入5的罂粟籽、均匀混合的蛋糕末和肉桂粉，搅拌均匀。

组合、烘烤、装饰

7 将6的罂粟粒倒入模具的一半，用刮刀均匀抹平A，将洋梨嵌入其中，摆齐B。然后将罂粟粒倒满模具C，将4的甜酥派皮摆成格子形状C，刷上蛋液。也可以只放入罂粟粒，抹平后均匀撒上酥粒D。

＋ 图片中为了体现2款造型，只组合了半面。

8 放入烤箱烘烤。[上火200℃/下火180℃:约40分钟]

9 放凉后脱模，放入洋梨的蛋糕装饰上杏酱和翻糖（P12），酥粒装饰的蛋糕撒上糖粉。分切成4cm×7cm的大小。

＋将甜酥派皮的空烤
（长方形）**擀**薄的派皮
叉孔，烤箱180℃烘烤
约20分钟。取出，放凉
到可以触碰的程度，
然后进行二度烘烤，
这样容易均匀上色。
趁热分切摆好。

1-A

1-B

2

3

4

7-A

7-B

7-C

7-D

7j

Gedeckter Apfelkuchen 覆盖苹果派

德国苹果派

将略酸的苹果煮到略硬脆，放入葡萄干和肉桂增添香味，加上烤到酥脆的甜酥派皮，做成苹果派。也可以用酥粒代替苹果，撒在甜酥派皮上。

	材料（30cm×40cm×3.5cm模具，1个）
Mürbeteig	甜酥派皮（P14） 800g+600g
Füllung	馅料
Apfel	┌苹果（带皮带芯） 4kg
Zucker	砂糖 400g
Vanilleschote	香草豆荚 1根
Zitrone	柠檬 1½个
Biskuitbrösel	蛋糕末 200g
Zimtpulver	肉桂粉 2.5g
Rosinen mit Rum	朗姆酒渍葡萄干 50g
Apfelsaft	└煮苹果的汁 100g
Ei zum Bestreichen	刷面蛋液* 少量
Dekoration	装饰
Aprikosenmarmelade	┌杏酱（P16） 适量
Fondant	└翻糖* 适量

Gedeckter: decken（覆盖）的过去分词gedeck的变形。

制作方法

○ 馅料中的香草豆荚纵向剖开，取出香草籽，放入砂糖中均匀混合。柠檬挤出果汁，留下果皮。朗姆酒渍葡萄干沥干水分。蛋糕末和肉桂粉均匀混合。

空烤甜酥派皮，铺入模具

1 将800g甜酥派皮空烤，铺入模具中（P16）。

制作馅料、填馅

2 将苹果削皮，取出内芯，切成8等份的瓣状（厚1cm）。铜锅内放入苹果、均匀混合的香草籽和砂糖、香草豆荚、柠檬汁和柠檬皮，略开大火炖煮。

3 煮到苹果表面软烂后沥干水分，倒入方盘中放凉，取出柠檬皮和香草豆荚。

+ 如果苹果厚度大小不一就很难均匀煮熟。

4 煮苹果的汁内放入苹果皮，煮约10分钟，放凉备用。

5 将一半蛋糕末和肉桂粉均匀撒在甜酥派皮上A。剩余的蛋糕末、肉桂粉、**3**的苹果、朗姆酒渍葡萄干、**4**的煮汁均匀混合B，倒入模具中。

+ 用浸湿的毛巾用力按压。

组合、烘烤、装饰

6 将600g甜酥派皮擀至比模具略大一圈，盖在**5**上A。切掉多余的面皮。用刷子将蛋液刷上2遍（刷1遍后放入冰箱冷藏凝固）。用叉子画出格子纹理，叉孔B。

7 盖上两层烤盘烘烤。[上火200℃/下火150℃：约40分钟→上火180℃/下火150℃：约10分钟]

8 烘烤完毕后直接在模具中静置约30分钟。

9 脱模，抹上杏酱和翻糖（P12）。切成4cm×7cm的大小。

+ 过早脱模会破坏派皮。

3　　　　5-A　　　　5-B　　　　6-A　　　　6-B

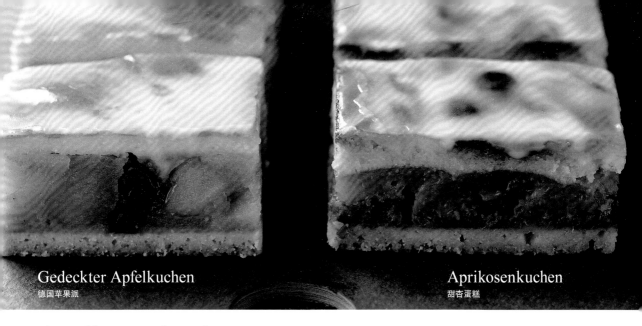

Gedeckter Apfelkuchen
德国苹果派

Aprikosenkuchen
甜杏蛋糕

Aprikosenkuchen
甜杏蛋糕

杏，用糖浆腌渍或者干燥保存，常用于制作糕点。这款糕点使用的是糖浆腌渍的杏罐头，馅料中放入翻糖，让糕点更显厚重。也可以使用以鸡蛋为底、口感类似布丁的馅料。

	材料（30cm×40cm×3.5cm模具，1个）
Mürbeteig	甜酥派皮（P14） 800g+200g
zum Bestreuen	撒粉
Biskuitbrösel	蛋糕末 100g
Zimtpulver	肉桂粉 5g
geröstete, geriebene Haselnüsse	烤榛子仁切碎 100g
Füllung	馅料
Marzipanrohmasse	杏仁糖* 360g
Butter	黄油 200g
Zucker	砂糖 100g
Ei	蛋液 200g
Zitronenabgeriebenes	柠檬皮屑 3g
Bittermandlessenz	杏仁香精 0.5g
Biskuitbrösel	蛋糕末 120g
Aprikose	糖浆渍杏（对半切）* 104个
Ei zum Bestreichen	刷面蛋液* 少量
Dekoration	装饰
Aprikosenmarmelade	杏酱（P116） 适量
Fondant	翻糖* 适量

制作方法

o 馅料的黄油和鸡蛋回温到约27℃。杏沥干水分。

甜酥派皮制作派底和带子

1 将800g甜酥派皮空烤（P16），铺入模具。200g甜酥派皮擀成2mm厚，切成1cm宽的带状，准备20根。

制作馅料

2 杏仁糖和黄油均匀混合，放入砂糖、蛋液、柠檬皮屑和杏仁香精，用制作糕点的专用搅拌机搅拌，放入蛋糕末，继续搅拌。

3 放入蛋糕末、榛子碎和肉桂粉，搅拌均匀，倒在模具内的甜酥派皮上，均匀抹平。

组合、装饰、烘烤

4 将杏一点点叠加放入，中间不要留有缝隙，上面抹上**2**，用抹刀均匀抹平。

5 将带状的甜酥派皮摆成格子形状。

6 只需将甜酥派皮部分刷上蛋液烘烤，和德国苹果派装饰方法相同。[上火170℃/下火150℃:约40分钟→上火180℃:约15分钟]

＊使用带皮的糖浆腌渍罐头（DGF公司）。

4

5

6

Gebackener Käsekuchen 烘烤奶酪蛋糕

奶酪蛋糕

使用低脂奶酪烘烤而成的糕点。在德国，使用奶酪制作的糕点颇受欢迎，糕点店都会陈列着琳琅满目的奶酪蛋糕。另外，除了烘烤糕点，也有很多生糕点使用奶酪。

	材料（30cm×40cm×3.5cm模具，1个）
Mürbeteig	甜酥派皮（P14）　800g
zum Aufstreichen	刷面
Marzipanrohmasse	┌ 杏仁糖　140g
Kirschensaft	│ 糖浆渍酸樱桃的腌渍汁　140g
Bittermandelessenz	└ 杏仁香精　少量
Füllung	馅料
Kirschen mit Sirup	┌ 糖浆渍酸樱桃（瓶装）　700g
Kirschensaft	│ 酸樱桃的腌渍汁　745g
Kirschwasser	└ 利口酒　200g
Quarkfüllung	奶酪馅料
Quark	┌ 白奶酪*　1.4kg
Sauerrahm	│ 酸奶油　360g
Zucker	│ 砂糖　450g
Stärke	│ 玉米淀粉　200g
Salz	│ 盐　3g
Zitronenabgeriebenes	│ 柠檬皮屑　3g
Ei	│ 蛋液　435g
Schlagsahne	│ 打发淡奶油　500g
Zitronensaft	└ 柠檬汁　2个柠檬的量

制作方法

○ 酸樱桃、酸樱桃的腌渍汁和利口酒均匀混合，放入冰箱冷藏腌渍1晚。

甜酥派皮空烤，铺入模具

1　800g甜酥派皮空烤（P16），切成30cm×40cm（P16）。

2　模具底部铺上油纸。然后准备2张40cm×10cm、30cm×10cm的厚纸，将侧面包好。底部铺上**1**的甜酥派皮。

制作奶酪馅料

3　奶酪内放入酸奶油，用制作糕点的专用搅拌机搅拌，砂糖、玉米淀粉和盐均匀混合后放入，一点点放入柠檬皮屑和蛋液，搅拌均匀。

4　放入打发好的淡奶油A，用打蛋器搅拌B，最后倒入柠檬汁搅拌均匀。

组合、烘烤

5　将杏仁糖揉匀，边用制作糕点的专用搅拌机搅拌，边倒入酸樱桃腌渍汁，搅拌到变软后放入杏仁香精，搅拌均匀。倒在模具内的甜酥派皮上，用抹刀均匀抹平。

6　将腌渍的酸樱桃沥干水分，铺在面团上。

7　**6**内倒入**4**A，抹平后烘烤B。[上火180℃/下火160℃：约70分钟（60分钟后放入双层烤盘）]

8　直接在模具中放凉，脱模切成4cm×7cm的大小。

＋ 面团倒入模具6分满，烘烤后会膨胀到和面糊一样大。放凉后冷藏1晚更便于分切。

＊ 白奶酪，是一种在德国经常食用的新鲜奶酪。牛奶凝固后将水分（乳清）分离后制成。

Gebackener: backen（烘烤）的过去分词gebaken的变形。

2

4-A

4-B

5

6

7-A

7-B

Mokka Carnage 咖啡小方

咖啡奶油派

甜酥派皮表面抹上放入葡萄干的杏仁奶油酱,烘烤,放上咖啡牛奶巧克力奶油酱,做成四方形的糕点。作为小蛋糕(petit four)时,考虑到保持形状,要淋上调温后的巧克力,但为了调整口感,需要抹上一层温和的甘纳许巧克力。

材料(30cm×40cm×3.5cm模具,1个)		
Mürbeteig	甜酥派皮(P14)	800g
Mandelmasse	杏仁酱	
Marzipanrohmasse	┌杏仁糖*	250g
Butter	黄油	250g
Zucker	砂糖	100g
Ei	蛋液	200g
Eigelb	蛋黄	50g
Korinthen mit Rum	└朗姆酒渍科林斯葡萄干	100g
Mokkacanache	咖啡甘纳许	
Milchkuvertüre	┌调温巧克力(牛奶)	350g
flüssige Sahne	淡奶油	700g
Kaffepulver	└速溶咖啡粉	10g
Canache	甘纳许巧克力	
dunkle Kuvertüre	┌调温巧克力(甜)	500g
flüssige Sahne	└淡奶油	500g
Dekoration	装饰	
Butterkrem	┌黄油奶油酱(P111)	20g
Kaffeebohne aus Schokolade	└咖啡巧克力豆	56个

Carnage:表达石材等块状的carne的结尾词–age的法语。
表达糕点的形状。

制作方法

准备咖啡甘纳许和甘纳许巧克力

1 碗内放入牛奶巧克力,放入速溶咖啡粉。倒入加热到沸腾的淡奶油,用打蛋器搅拌均匀。倒入搅拌机中搅拌后,放入冰箱冷藏1晚。

2 制作甘纳许巧克力(甘纳许1,P114)。倒入方盘内,盖上保鲜膜,常温放置1小时30分钟。静置到约18℃。

空烤甜酥派皮,铺入模具

3 将800g甜酥派皮空烤(P16),切成30cm×40cm,放入模具中。

制作杏仁酱,倒入模具中烘烤

4 黄油和杏仁糖搅拌均匀,用制作糕点用搅拌机搅拌,使其混入空气,放入砂糖继续搅拌。

5 蛋液和蛋黄均匀混合,一点点倒入**4**内搅拌均匀,放入沥干水分的杏。

6 倒在**3**上,均匀抹平烘烤。[上火200℃/下火180℃:约20分钟]

7 放凉,脱模放在烤网上冷却。

装饰

8 将静置1晚的咖啡甘纳许用制作糕点的专用搅拌机打发。

+ 打发到几乎不能流动的状态,但不能打发过度。

9 均匀抹在**7**上面,放入冰箱冷藏。

10 **9**的上面再均匀涂一层厚的甘纳许,用抹刀做出波浪的纹理。

11 切成4.5cm的正方形,将黄油奶油酱用星形花嘴(8齿、直径3mm)在中间挤一圈,放上咖啡巧克力豆。

4

5

6

8

9

Hefeteig
发酵面团（直接法）

发酵面团分为重面团（schwerer teig）、轻面团（leichter teig）和中间面团（mittelschwerer teig）。糕点底部使用含有约20%黄油的中间面团。

	材料（成品约3kg）	
Weizenmehl	法国面包粉（或者高筋面粉）	1.5kg（100%）
Hefe	新鲜酵母	80g（5.3%）
Milch	牛奶	600g（40%）
Ei	鸡蛋	200g（13.3%）
Zucker	砂糖	300g（20%）
Salz	盐	20g（1.3%）
Zitronenabgeriebenes	柠檬皮屑	6g（0.4%）
Butter	黄油	350g（23.3%）

○ 黄油、鸡蛋回温到约27℃（黄油静置到软化）。牛奶加热到约35℃。

制作方法

1 将酵母放入温热的牛奶中，用打蛋器搅拌融化。放入蛋液、砂糖、盐和柠檬皮屑，用打蛋器搅拌均匀。

2 面粉内放入**1**和黄油，揉匀。[制作面包用纵向搅拌机:低速3分钟、中速2分钟、高速4分钟/揉匀的温度在26℃]

+ 抻展揉匀的面团会呈现薄膜状，难以撕裂（各阶段的面团揉法参考P28:图片3-A～C）。

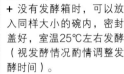

3 放入涂抹薄薄一层黄油（分量以外）的容器中（图片上），发酵膨胀到原体积的约2倍（图片下）。[发酵箱 温度35℃、湿度70%]

+ 没有发酵箱时，可以放入同样大小的碗内，密封盖好，室温25℃左右发酵（视发酵情况酌情调整发酵时间）。

4 根据用途分割、整形，再发酵、烘烤。

＊调整适合面团发酵的温度和湿度的发酵机或者发酵室。

Butterkuchen
黄油面包

黄油和砂糖混合成朴实的味道，一款德国风格鲜明的糕点，可以当作早餐食用。将发酵面团铺入烤盘（backblech）烘烤而成的面包，叫做白面包（blechkuchen），一眼就能看出是德国糕点。

	材料（30cm×40cm×3.5cm模具，1个）	
Hefeteig	发酵面团	650g
zum Aufstreichen	抹面	
Marzipanrohmasse	杏仁糖*	125g
Läuterzucker	糖浆*	125g
Bittermandelessenz	杏仁香精	少量
zum Bestreuen	撒面	
gehobelte Mandeln	杏仁片	95g
Zucker	砂糖（粗粒砂糖）	40g
Butter	黄油	250g

制作方法

○黄油在室温下软化。模具内抹上一层黄油（分量以外）。

1 将一次发酵的发酵面团分切成650g，用擀面棒擀至模具大小，放入模具。

2 杏仁糖内放入糖浆和杏仁香精，搅拌到变软，抹在**1**的面团上。

3 发酵。[发酵箱湿度70%、温度35℃:约45分钟]

4 用手指在表面均匀按下小洞A，抹上软化的黄油B，撒上杏仁片，撒上砂糖。在温暖的地方静置10分钟。[或者放入发酵箱静置]

5 烘烤。[上火200℃/下火180℃:约25分钟]

6 烘烤完毕后脱模，放凉分切成8cm×8cm小块。

Butterkuchen
黄油面包 P24

Bienenstich
蜂蜜面包 P26

2

3

4 - A

4 - B

Bienenstich 蜂蜇面包

蜂蜜面包

将放入杏仁的蜂蜜焦糖冷冻，放在发酵面团上烘烤而成的香浓糕点。烘烤完毕后，可以直接食用，也可以切成两张薄片，夹上黄油奶油酱或者香草奶油酱，让味道更浓郁。"Bienen"是蜜蜂的意思，"stich"是蜂蜇的意思。

材料（30cm×40cm×3.5cm模具，1个）		
Hefeteig	发酵面团（P24）650g	
Bienenstichmasse	蜂蜜杏仁	
Butter	┌黄油	125g
Zucker	│砂糖	125g
Bienenhonig	│蜂蜜	50g
Milch	│牛奶	25g
Salz	│盐	1g
Zitronenabgeriebenes	│柠檬皮屑	3g
Zimtpulver	│肉桂粉	1/2小勺（2g）
gehackte Mandeln	└杏仁碎	125g
Füllung	馅料	
Butterkrem	┌黄油奶油酱	620g（P112-A）
Vanillekrem	└卡仕达奶油酱	（P110-A）310g

制作方法

○ 模具抹上一层黄油（分量以外）。

制作蜂蜜杏仁

1 锅内放入黄油、砂糖、蜂蜜和牛奶，开火加热，让蜂蜜融化，放入盐、柠檬皮和杏仁粉，煮到106℃，放入杏仁碎。

2 倒在油纸上A，上面盖上一张油纸按压，压薄压平。擀成30cm×40cm的长方形，用抹刀整形B，用擀面棒擀薄C。放入冰箱冷冻到变硬D。

发酵面团二次发酵、组合烘烤

3 将一次发酵的发酵面团用擀面棒擀至模具大小，放入模具中叉孔（P12），发酵。[发酵箱湿度70%、温度35℃:1小时]

+ 为了让其均匀膨胀，使用滚轮A，然后在模具中用叉子叉孔B。

4 发酵面团上放上**2**烘烤。烘烤完毕后脱模，放在烤网上放凉。[上火200℃/下火180℃:约30分钟]

+ 为了便于烘烤，放在烤箱的中间位置，上色较深的部分用锡纸盖住，这样才能均匀上色。

装饰

5 黄油奶油酱和卡仕达奶油酱均匀混合。

6 将**4**切成2等份的薄片。上面的薄片切成4cm×7cm的长方形，将**5**用直径10cm的圆口花嘴挤到下面的薄片上，抹平，放入冰箱冷藏凝固。

7 上下两块薄片叠加，沿着切痕分切。

2-A

2-B

2-C

2-D

3j A

3j B

Dresdner Eierschecke 德累斯顿鸡蛋布丁蛋糕

德累斯顿奶酪蛋糕

德国中部萨克森州的知名糕点。使用发酵面团和2种馅料制作的德累斯顿糕点。"Eier"是鸡蛋的意思。"Schecke"虽然是人名，也指服装的设计，据说来源于糕点表面的斑驳纹理。

	材料（30cm×40cm×3.5cm模具，1个）
Hefeteig	**发酵面团**　（P24）600g
Quarkfüllng	**奶酪馅料**
Quark	┌ 白奶酪（P20*）　1kg
Zucker	│ 砂糖　200g
Weizenpuder	│ 澄粉*　80g
Ei	│ 蛋液　100g
Zitronenabgeriebenes	│ 柠檬皮屑　3g
Salz	│ 盐　5g
Vanilleessenz	│ 香草精　少量
Rosinen mit Rum	│ 朗姆酒渍葡萄干　100g
gwürfeltes Zedratzitronat	└ 砂糖渍香水柠檬皮（P33*，切块）100g
Butterguss	**黄油糊**
Butter	┌ 黄油　200g
Zucker	│ 砂糖　100g
Ei	│ 蛋液　150g
Weizenmehl	│ 低筋面粉　55g
Weizenpuder	│ 澄粉　110g
Schlagsahne	└ 打发淡奶油　80g
zum Bestreuen	**装饰**
Streusel	┌ 酥粒（P14）　80g
gehobelte Mandeln	└ 杏仁片 40g

制作方法

○ 模具抹上一层黄油（分量以外），用硬纸盒制作围边（参考P20，但是不要底纸）。

1 将一次发酵的发酵面图用擀面棒擀至模具大小，放入模具中发酵。[发酵箱湿度70%、温度35℃:约45分钟]

2 制作奶酪馅料。白奶酪、澄粉和砂糖均匀混合，放入蛋液、柠檬皮屑、盐和香草精，搅拌均匀。

3 2内放入朗姆酒渍葡萄干、切块的柠檬皮，搅拌均匀，倒在**1**上抹平。

4 制作黄油糊。黄油、砂糖、蛋液和打发淡奶油用打蛋器搅拌均匀，放入低筋面粉和澄粉搅拌均匀，倒在**3**上抹平。

5 撒上酥粒和杏仁片烘烤[上火200℃/下火180℃:40分钟]。放凉后脱模，撒上糖粉（分量以外），切成4cm×7cm的大小。

3

4

Berliner Pfannkuchen

柏林甜甜圈

虽然叫做柏林甜甜圈，但是这款德国果酱甜甜圈在全德国都非常受欢迎。这是一款有着古老传统的糕点，以前只能在年末和四月斋这种节日祭祀时才可以食用，现在一到年末，各处的糕点店都会提供这款糕点。

材料（直径8cm，约50个）

Hefeteig	**发酵面团**（酵母种法）	
Ansatz	中种面团（酵母种）	
Weizenmehl	┌ 法国面包粉（或者强筋面粉）	480g（40%）*1
Hefe	│ 新鲜酵母	36g（3%）
Milch	└ 牛奶	600g（50%）
Hauptteig	**主面团**	
Weizenmehl	┌ 法国面包粉（或者高筋面粉）	720g（60%）
Zucker	│ 砂糖	70g（5.8%）
Salz	│ 盐	14g（1.2%）
Zitronenabgeriebenes	│ 柠檬皮屑	6g（0.5%）
Eigelb	│ 蛋黄	200g（16.6%）
Butter	│ 黄油	250g（20.8%）
Muskatnusspulver	└ 肉豆蔻粉	1.5g（0.1%）
Öl	油*2	适量
Dekoration	装饰	
Vanillezucker	┌ 香草糖	20g
Fondant	│ 翻糖*	适量
Himbeermarmelade	└ 覆盆子果酱	765g

制作方法

○ 牛奶加热到约35℃，黄油和蛋黄回温到约27℃。

制作中种面团（酵母种）

1 牛奶内放入酵母，用打蛋器搅拌融化。倒入放有面粉的碗内，用打蛋器搅拌均匀，发酵膨胀到原体积的约2倍（发酵后A）。[发酵箱温度28℃~30℃、湿度75%:约40分钟]

+ 没有发酵箱时，可以放入同样大小的碗内，密封盖好，室温约25℃静置发酵（视发酵情况调整时间长短）。

制作主面团

2 中种面团放入蛋黄。

3 将面粉、砂糖、盐、柠檬皮和肉豆蔻粉混合均匀，和**2**混合。放入黄油揉匀。[制作面包用纵向搅拌机:低速3分钟A、中速3分钟B、高速3分钟C/揉匀后温度为28℃]

4 将面团拉伸揉匀，放入刷有薄薄一层色拉油（分量以外）的碗内。发酵膨胀到原体积的2~2.5倍（发酵前A、发酵后B）。[发酵箱温度28℃~30℃、湿度75%:约60分钟]

分割、整形、发酵、油炸

5 分切成45g的面团，揉圆，放在铺有布的案板上。用木板按压面团，压到厚约1.5cmA，发酵B。[发酵箱温度35℃、湿度75%:约45分钟]

+ 膨胀后会变圆，所以要尽量压平。

6 放入170℃的油中，炸约4分钟，中间不断翻面，使其均匀上色。沥干油分，放在烤网上放凉。

7 放凉后，叉孔，裱花袋装上细长口花嘴，装入覆盆子果酱，每个面包挤入约15g。一面撒上香草糖或抹上翻糖。

＊1 面粉量的40%为中种面团，60%为主面团。

＊2 使用甜甜圈炸油。甜甜圈炸油主要以植物油为原料，常温下呈固体的油脂。油炸糕点即使放凉也不会发粘。

KOLUMNE 百分比

用于制作面包的面粉总量为100%，各种材料的比例相对于面粉的百分比。想要改变分量的话，以粉类为基准，更便于计算其他材料的分量。本书中基础面团（hefeteig，P24）和材料表的材料重量后用彩色文字表示。

1+   1-A   2   3-A   3-B

3-C   4-A   4-B   5-A   5-B

6

7

Lebkuchenteig

香料饼干面团

蜂蜜、面粉和香料揉成的面团。中世纪的德国，使用从森林中获取的蜂蜜制作面团，经改良传承到现在。

材料（成品约400g）		
Weizenmehl	低筋面粉	134g
Roggenmehl	黑麦面粉	66g
Bienenhonig	蜂蜜	100g
Zucker	砂糖	100g
Wasser	水	15g
Ammoniumbikarbonat	膨松剂（碳酸氢铵）	0.6g
Backpulver	泡打粉	0.4g
Lebkuchengewürz	饼干用香料（参考下述）	1.4g

制作方法

1 锅内放入蜂蜜、砂糖和水，加热到约80℃。静置1晚。

2 第二天加热到约40℃，煮到尚可流动的状态后，放入低筋面粉和黑麦面粉A，揉匀B。之后揉成团C，放入阴暗的地方静置3~4个月D（图片左：静置后、右:静置前）。

> **KOLUMNE** 饼干用香料
>
> 将下列香料混合。用于P30~P38。
>
> | 材料（成品约400g） | | |
> |---|---|---|
> | Zimtpulver | 肉桂粉 | 35g |
> | Gewürznelkewpulver | 丁香粉 | 9g |
> | Pimentpulver | 多香果粉 | 2g |
> | Korianderpulver | 香草粉 | 2g |
> | Kardamompulver | 豆蔻粉 | 2g |
> | Ingwerpulver | 生姜粉 | 2g |
> | Muskatnusspulver | 肉豆蔻粉 | 1g |
> | Muskatblütepulver | 肉豆蔻种衣粉 | 1g |

3 将膨松剂、泡打粉、饼干用香料和静置4个月的面团混合，用前揉匀。

Lebkuchen

香料饼干

发源于中世纪的古老糕点。原本是面粉内放入香料，和蜂蜜混合揉匀，用压模压出形状烘烤而成。像这样放入多种香料制作糕点的做法形成于13~14世纪。圣诞节时家中会装饰有六角星和长靴，成为一道靓丽的风景。

材料（30cm×40cm模具，1个）		
Lebkuchenteig	香料饼干面团	
Zuckerglasur	装饰用糖浆	
Wasser	水	100g
Zucker	砂糖	300g

制作方法

○ 用厚纸制作纸模。

1 将香料饼干面团用擀面棒擀至厚约4mm，放入厚纸做的纸模中，压出喜欢的形状。

2 放在烤盘上烘烤。[上火200℃/下火150℃/打开风档:约15分钟]

3 烘烤完毕后刷上煮到120℃的糖浆，放在烤网上放凉。

+ 趁热刷上煮好的糖浆，这样表面因为再结晶而形成有光泽的薄膜。

4 用调温*后的巧克力、翻糖、糖霜（p39）、银珠、杏仁（焯过对半切）等装饰。

○   1

+ 右页的图片中，圣·尼古拉斯:22cm×8cm，长靴:（大）16cm×13cm、（小）12cm×10cm，六角星:（大）宽18cm、（小）宽13cm，木马纵横长约12cm。

圣·尼古拉斯

六角星

长靴

木马

Lebkuchenhäuschen
香料饼干小屋
底边17cm、高17cm

曾经，用香料饼干制作的小屋会在庙会的时候出售，据说是男人赠给恋人的礼物。也曾在格林童话《汉赛尔与格莱特》中出现，和很多糕点一起组成魔女的家。据说香料饼干小屋也是圣诞糕点的一种。

Honigschnitten
蜂蜜香料蛋糕

Honigschnitten
蜂蜜香料蛋糕

分切食用的小蛋糕，也是糕点的一种。德语中将从蛋糕到饼干的普通烘烤糕点统称为糕点，有香料饼干、饼干等类型，也有放入鸡蛋烘烤的蛋糕。称作"蜂蜜香料"的是指甜味剂中有一半以上都是蜂蜜。

Honigteig
Weizenmehl
geröstete, zerdrückte
Haselnüsse

Lebkuchengewürz
Zimtpulver
Bienenhonig
Zucker

Aprikosenmarmelade
Ammoniumbikarbonat
Wasser
Ei
Bittermandelessenz
gewürfeltes Orangeat
gewürfeltes Zedratzitronat
gehobelte Mandeln

Zuckerglasur
Wasser
Zucker

材料（30cm×40cm×3.5cm模具，1个）

蜂蜜面团
- 低筋面粉　500g
- 榛子仁
  （烘烤后切粗末）　200g
- 香料饼干用香料（P30）　2g
- 肉桂粉　7g
- 蜂蜜　500g
- 砂糖　250g
- 杏酱（P116）　200g
- 膨松剂（碳酸氢铵）　4g
- 水　4g
- 蛋液　100g
- 杏仁香精　1g
- 橙皮切块　35g
- 砂糖渍香水柠檬皮*（切块）　40g
- 杏仁片　50g

装饰用糖浆
- 水　100g
- 砂糖　300g

* 香酸柑橘类的一种，常用于砂糖腌渍。没有话的可以用柠檬皮。

制作方法

○ （提前1天）将蜂蜜和砂糖加热到约80℃融化，静置1晚。

○ 模具内侧抹上一层黄油（分量以外），底部铺上30cm×40cm的油纸。香料饼干用香料、肉桂粉、榛子仁和低筋面粉一起用笊篱过筛。膨松剂用等量的水融化。

制作蜂蜜面团，静置1天

1　将静置1晚的蜂蜜重新加热到40℃，放入杏酱、溶于水的膨松剂、蛋液、杏仁香精、柠檬和橙皮，搅拌均匀。

2　1内倒入粉类搅拌均匀A，倒入方盘内均匀抹平B，表面盖上保鲜膜以免干燥，放入冰箱冷藏1天。

放入模具烘烤

3　第二天，用喷雾器将面团两面喷上水，取出面团，手尽量不要触碰面团，放在喷过水的油纸上A。根据模具整理成合适的大小B。盖上喷过水的油纸，用擀面棒擀至均匀厚度C。撕下油纸，撒上杏仁片D。

4　将模具倒扣使面团翻面A，撒有杏仁的一面朝下，将面团放入模具，盖上油纸B，烘烤。[上火180℃/下火150℃:35分钟]

装饰

5　锅内倒入装饰用糖浆的水和砂糖，煮到120℃。

6　4烘烤完毕后，马上刷上120℃的糖浆A。直接放凉B，脱模切成4cm×7cm的大小。

2 - A　　2 - B　　3 - A　　3 - B　　3 - C

3 - D　　4 - A　　4 - B　　6 - A　　6 - B

Walnusslebkuchen
核桃香料饼干

Elisenlebkuchen
爱丽丝香料饼干

Walnusslebkuchen

核桃香料饼干

使用大量核桃和榛子的香味饼干。蛋白内放入大量砂糖，加热融化，和果仁混合的方法同马卡龙的做法相同。表面干燥后烘烤，外表酥脆、里面嫩软最为理想。

	材料（直径7cm，24个）
Walnusslebkuchenmasse	**饼干面团**
Eiwei	蛋白 120g
Zucker	砂糖 250g
Weizenmehl	低筋面粉 35g
Lebkuchengewürz	**香料饼干用香料（P30） 4g**
geröstete, fein geriebene Haselnüsse	烘烤榛子仁切细末 75g
geröstete, fein geriebene Walnüsse	烘烤核桃切细末 160g
Backoblaten	糯米纸* 直径7cm的24张
halbierte Walnüsse	核桃：对半切 24个

* 制作糕点时使用的可食用糯米纸。又白又薄的煎饼形状，用于放置柔软的马卡龙面糊或者香料饼干。

制作方法

○ 核桃、榛子、香料饼干用香料和低筋面粉一起用笊篱混合过筛。

1 锅内放入蛋白和砂糖，搅拌均匀，加热到约80℃。砂糖融化后，和蛋白搅拌均匀，锅底放上冰水，冷却到人体温度左右。

2 放入混合过筛的低筋面粉、核桃、榛子和香料饼干用香料，用橡皮刮刀搅拌均匀。

3 和爱丽丝香料饼干的**4**一样，在糯米纸上挤出25g的面糊，中间放上1粒核桃仁。静置约1小时，使表面干燥，用手指触碰也不会发黏。

4 放入铺有油纸的烤盘中烘烤，放在烤网上放凉。
[上火180℃/下火100℃：约20分钟]

Elisenlebkuchen

爱丽丝香料饼干

这款香料饼干的名字来源于19世纪纽伦堡的香料饼干手艺人Heinrich Heberlein的长女爱丽丝的名字。面团里面一定要将果仁类控制在25%以上，面粉控制在10%以下，是一款非常高级的糕点。

Elisenlebkuchenmasse	材料（直径7cm，48个）
	饼干面团
Marzipanrohmasse	杏仁糖* 120g
Eigelb	蛋黄 40g
getrocknete Aprikosen	杏干 200g
Aprikosenmarmelade	杏酱（P116） 200g
Aprikosenlikör	杏利口酒 60g
Zucker	砂糖 150g
Meringen	蛋白霜
Eiwei	蛋白 150g
Zucker	砂糖 200g
gewürfeltes Zedratzitronat	砂糖渍香水柠檬皮（切块，P32*） 60g
gewürfeltes Orangeat	橙皮切块 60g
fein geriebene Mandeln	杏仁粉 150g
geröstete, fein geriebene Haselnüsse	烤榛子切细末 150g
geröstete, fein geriebene Walnüsse	烤核桃切细末 50g
Weizenmehl	低筋面粉 90g
Natriumbikarbonat	膨松剂（碳酸氢铵） 7.5g
Lebkuchengewürz	香料饼干用香料（P30） 10g
Backoblaten	糯米纸（P34*） 直径7cm的48张
halbierte Mandeln	焯过的杏仁（对半1切） 144个
Glasur	糖衣
Staubzucker	糖粉 200g
Zitronensaft	柠檬汁 约25g
heisses Wasser	热水 30g
Dekoration	装饰用
dunkle Kuvertüre	调温巧克力（甜） 适量
Kakaobutter	可可黄油 调温巧克力（甜）的10%
Milchkuvertüre	调温巧克力（牛奶） 少量

制作方法

○ 柠檬汁和热水中混入糖粉，搅拌到顺滑，做成糖衣。

○ 杏仁粉、榛子仁、核桃仁、膨松剂、香料饼干用香料和低筋面粉一起用笊篱过筛混合。

○ 杏干和杏酱以1：1的比例混合，用食物料理机搅拌成泥状。

制作爱丽丝香料饼干面团

1 将杏仁糖放在操作台上揉匀，放入蛋黄，用木铲搅拌均匀A。放入搅拌成泥状的杏，搅拌均匀B，倒入搅拌盆中，放入杏利口酒、砂糖、切碎末的果皮类，搅拌均匀。

2 打散蛋白，放入20g砂糖，用制作糕点的专用搅拌机打发。打发到能用搅拌机提起的程度后，再放入约30g砂糖打发，打发成柔软的蛋白霜。

3 **1**内放入1/3的**2**，用橡皮刮刀搅拌均匀。将过筛的粉类和剩余的蛋白霜交叉放入，搅拌均匀。

挤出后整形、烘烤

4 将**3**装入裱花袋中，在糯米纸上挤出25g的面糊A。上面盖上倒扣的布丁杯，用浸湿的布按压，做成平缓的山丘形状B，放上3个对半切的杏仁。

+ 烘烤时面糊会延展，所以挤出的面糊要比糯米纸略小一圈。

5 放入铺有油纸的烤盘中烘烤。[上火170℃/下火100℃/双层烤盘:约18分钟]

装饰

6 烘烤完毕后趁热刷上糖衣，放在烤网上放凉。

7 放凉后，放上可可黄油，顶端放上用调温后*的甜巧克力做成三角形状。或者将少量牛奶巧克力挤成线状纹理，盖在上面。

1 - A

1 - B

3

4 - A

4 - B

Spekulatius

圣·尼古拉斯饼干

发源于荷兰的圣诞饼干。刻有圣人形状的木质模具中放入混入香料的饼干面团，压出造型后烘烤。这款饼干的名字来源于圣·尼古拉斯。也有使用木质模具时左右倒转后形成镜像的说法。

材料（木质模具，34个）

Spekulatiusteig	圣·尼古拉斯饼干面团	
Marzipanrohmasse	杏仁糖*	100g
Butter	黄油	130g
Braunezucker	红糖	70g
Puderzucker	糖粉	70g
Salz	盐	1g
Zitronenabgeriebenes	柠檬皮屑	1g
Ei	蛋液	30g
Milch	牛奶	30g
Weizenmehl	低筋面粉	270g
Spekulatiusgewürz	饼干用香料*	9g
Milch	牛奶	适量
gehobelte Mandeln	杏仁片	75g

＊根据下述比例制作的混合香料。

Zimtpulver	肉桂粉	100g
Gewürznelkenpulver	丁香粉	2g
Muskatnusspulver	肉豆蔻粉	50g
Ingwerpulver	生姜粉	20g
Kardampulver	豆蔻粉	10g
Korianderpulver	香草粉	6g
Lorbeerpulver	月桂粉	20g

制作方法

○ 饼干用香料和低筋面粉一起过筛混合。

制作圣·尼古拉斯饼干面团

1 杏仁糖和黄油搅拌均匀，用制作糕点的专用搅拌机搅拌均匀。放入盐、红糖、糖粉和柠檬皮屑，继续搅拌。

2 鸡蛋和牛奶搅拌均匀，一点点倒入**1**中，注意不要油水分离。

3 放入预先筛好的粉类，用保鲜袋包裹A，摊薄摊平B，放入冰箱冷藏静置1晚。

＋ 关键在于充分放凉再脱模。

脱模

4 圣·尼古拉斯饼干用的木质模具内撒粉（分量以外），将**3**的面团揉匀，整形成和模具差不多长的棒状。边用手掌轻轻拍打，边将擀薄的面团放入模具中A。然后用擀面棒按压B。边用菜刀将突出的部分削掉，边将面团卷起C。

5 在操作台上敲打脱模A，面团刷上一层牛奶，撒上装饰的杏仁片B。

烘烤

6 将有杏仁的一面朝下，放在铺有油纸的烤盘上，摆齐烘烤，放在烤网上放凉。[预热上火200℃/下火150℃→放入面团后改上火180℃/下火150℃:10分钟→上火170℃/下火150℃:约5分钟]

＋ 将1个烤盘放在装有饼干面团的烤盘上面。烘烤10分钟后，将饼干面团里外转换放置。

2

3 - A

3 - B

4 - A

4 - B

4 - C

5 - A

5 - B

Spekulatius
圣·尼古拉斯饼干 P36

Pfeffernüsse
香料果仁饼干 P38

Printen
阿肯香料饼干 P38

Zarte Zimtsterne
肉桂星星饼干 P39

Pfeffernüsse

香料果仁饼干

放入切碎的果仁和香料的一款饼干，味道清新。一般是将饼干面团整理成圆形烘烤，撒上糖粉装饰。虽然也有质地较硬的饼干，但下面介绍的这款是放入淡奶油和猪油，饼干质地蓬松酥脆。

材料（直径6cm，25个）		
Pfeffernüsseteig	饼干面团	
Malzextrakt	┌麦芽糖	100g
flüssige Sahne	│淡奶油	50g
Zucker	│砂糖	75g
Salz	│盐	2g
Ammoniumbikarbonat	│膨松剂（碳酸氢铵）	2.5g
Pottasche	│碳酸钾	2.5g
Weizenmehl	│低筋面粉	250g
Lebkuchengewürz	│饼干用香料（P30）	2g
Schweinefett	│猪油	75g
gehackte Mandeln	└杏仁片	60g
Dekoration	装饰	
Milchkuvertüre	调温巧克力（牛奶） 适量	

制作方法

o 饼干用香料和低筋面粉一起过筛混合。膨松剂和碳酸钾用等量的水融化。

1 锅内放入麦芽糖、淡奶油、砂糖和盐，加热到约60℃，放凉到约25℃。

2 将剩余的材料都放入碗内，倒入1，搅拌均匀。将材料揉匀成团，用保鲜袋包好，放入冰箱冷藏静置1晚。

3 将2的面团分成25g的小团，用手揉圆。将揉圆的面团用手掌按压成直径5cm的圆形，放入铺有油纸的烤箱中，摆齐烘烤。[上火200℃/下火150℃/双层烤盘：约10分钟]

4 烘烤完毕后，放在烤网上放凉。

5 放凉后，饼干的一面刷上调温巧克力*（牛奶）。

Printen

阿肯香料饼干

以位于德国西北部的阿肯命名的糕点，也叫做Aachener Prinen。发源于比利时南部的城市迪南。曾经用压模做成圣人的形状，所以名字来源于拉丁语的premere（按压的意思）。现在大多切成长方形。

材料（8.5cm×3cm，40个）		
Printenteig	饼干面团	
Malzextrakt	┌麦芽糖	100g
Invertzucker	│转化糖浆	100g
Wasser	│水	20g
Braunzucker	│红糖	50g
Eigelb	│蛋黄	40g
Salz	│盐	1g
fein gehacktes Orangeat	│橙皮切末	10g
Pottasche	│碳酸钾	2.5g
Weizenmehl	│低筋面粉	300g
Lebkuchengewürz	│饼干用香料（参考P30）	3g
Kandiszucker	└白砂糖	75g
Zuckerglasur	装饰用糖浆	
Wasser	┌水	30g
Zucker	└砂糖	90g
Dekoration	装饰	
dunkle Kuvertüre	┌调温巧克力（甜）	适量
Milchkuvertüre	│调温巧克力（牛奶）	适量
Krokant	└焦糖（P115）	适量

制作方法

o 烤盘内铺上白纸（普通纸），然后铺上油纸。

o 饼干用香料和低筋面粉一起过筛混合。碳酸钾用等量的水融化。

1 将麦芽糖、转化糖浆、水、红糖加热到约80℃融化，放凉到约30℃。

2 放入蛋黄、盐、橙皮、等量水融化的碳酸钾、过筛的粉类和白砂糖，搅拌均匀。装入保鲜袋，放入冰箱冷藏静置约3天。

3 将2的面团使用标尺（P39*）擀成5mm厚的面团，放入冰箱冷冻。

4 用滚刀切成8.5cm×3cm，放在烤盘中。表面刷上一层牛奶（分量以外），放入冰箱冷藏干燥。干燥后再刷一层牛奶烘烤。[上火200℃/下火150℃：约7分钟]

5 锅内放入水和砂糖，煮到120℃。**4**烘烤完毕后，仍放在烤盘上，刷上煮好的糖浆，放在烤网上放凉。

6 底部刷上一层调温后*的巧克力，放在纸上。或者巧克力和焦糖均匀混合，淋在饼干表面。

Zarte Zimtsterne

肉桂星星饼干

肉桂星星圣诞饼干。在感受到圣诞气氛的圣灵降临节之后，在德国的糕点店和圣诞集市琳琅满目的 Weihnachtssteller（以圣诞礼物名义的装在盘中的饼干）中，一定会发现这款饼干。

材料（直径6cm的星形，25个）		
Zimtsterneteig	**饼干面团**	
geröstete, geriebene Haselnüsse	烤榛子仁切末	125g
fein geriebene Mandeln	杏仁粉	125g
Eiwei	蛋白	100g
Vanilleessenz	香草精	少量
Zucker	砂糖	250g
Zimtpulver	肉桂粉	7.5g
geröstete, geriebene Haselnüsse	烤带皮榛子仁切末	30g
Eiweiglasur	**糖霜**	
Eiwei	蛋白	65g
Staubzucker	糖粉	300g

制作方法

○ 制作糖霜。将蛋白打散，一点点放入分量以内的糖粉，用制作糕点的专用搅拌机搅拌。

＋ 用力搅拌到黏稠、呈现光泽。

○ 榛子仁和杏仁、砂糖和杏仁粉各自过筛混合。

1 食物料理机内放入榛子仁、杏仁粉、蛋白和香草精，搅拌均匀，放入砂糖和肉桂粉，继续搅拌。

2 铺上油纸，准备2根标尺＊，将**1**的面团放在中间A，上面盖上油纸，用擀面棒擀至1cm厚B。

3 撕下油纸，撒上足量的榛子仁末，翻面后放入冰箱冷冻30分钟～1个小时。

4 表面变硬后，用抹刀涂上1mm厚的糖霜，用星形模具压出造型，摆在烤盘上，干燥1个小时。

5 烘烤时尽量不要让糖霜上色。[上火160℃/下火180℃：约10分钟]

＋ 烤盘四角放上锡纸模，上面再盖上一层烤盘，这样可以减少受热量。

6 烘烤完毕后，在烤盘上静置约30分钟，然后放到烤网上放凉。

＊ 1cm×1.5cm×40cm的金属长棍（图片2-A）。也可以用于将海绵蛋糕分切成蛋糕片。

○＋

1

2-A

2-B

3

4

Brandmasse
泡芙面糊

"Brand"有燃烧、染料的意思,但因为在制作面糊过程中需要加热,所以名字由此而来。面糊的历史悠久,有记录显示14世纪就出现了和现在差不多的面糊。

材料(基础分量)		
Milch	牛奶	250g
Butter	黄油	85g
Zitronenabgeriebenes	柠檬皮屑	2g
Salz	盐	2g
Weizenmehl	低筋面粉	170g
Ei	蛋液	250g

制作方法

1 锅内放入牛奶、黄油、柠檬皮和盐,大火加热到沸腾。

2 离火后倒入全部低筋面粉,再开大火加热,边加热边用力搅拌均匀。用指甲触碰来检查是否已充分煮熟。

3 倒入碗内,放入蛋液搅拌均匀(制作糕点的专用搅拌机搅拌均匀)。首先倒入一半打散的蛋液,搅拌均匀后倒入剩余的一半蛋液。同样搅拌均匀,最后检查一下硬度,有必要的话调整一下用量。

+ 合适的硬度是指用木铲舀起面糊,面糊能缓缓落下,黏在刮刀上的面糊呈三角形。

Windbeutel
奶油泡芙

曾经需要将泡芙面糊炸过再用,所以叫做炸糕点。"Windbeutel"是风的袋子的意思。馅料是打发淡奶油或者卡仕达奶油酱,也有放入水果的。放入糖渍樱桃,奶油酱内倒入利口酒提香,这就是一款德国味道的糕点。

材料(直径5cm, 30个)		
Brandmasse	泡芙面糊 基础分量	
Vanillekrem	卡仕达奶油酱(P110-A)	600g
Kirschkompott	酸樱桃果泥(P116)	270g
Himbeermarmelade	覆盆子果酱(P116)	30g
Kirschsahnekrem	利口酒打发淡奶油	
flüssige Sahne	┌淡奶油	600g
Zucker	│砂糖	60g
Vanilleschote	│香草豆荚	1/2根
Kirschwasser	└利口酒	40g
Dekoration	装饰	
Staubzucker	糖粉 适量	

制作方法

○ 烤盘内抹上一层黄油(分量以外),直径5cm的压模撒粉,压出圆形。

挤出泡芙面糊烘烤

1 裱花袋装上星形花嘴(8齿、直径11mm),装入面糊,在烤盘中画好的圆圈内挤出30个圆面糊,用喷雾器喷水,烘烤。[上火190℃/下火170℃:35~40分钟]

2 **1**烤好后放在烤网上放凉,使用标尺(P39*),在泡芙2.5cm处切下。

准备奶油酱和果酱填馅

3 制作卡仕达奶油酱,放入冰箱中冷藏备用。酸樱桃果泥和覆盆子果酱均匀混合。

4 根据材料表中的分量制作利口酒打发淡奶油(P113:参考吉利丁打发淡奶油)。

5 泡芙底部装入变软的**3**的奶油酱A。上面挤入10g的**3**的果酱,然后挤上奶油酱。每个泡芙搭配20g。

6 裱花袋装上星形花嘴(8齿、直径11mm),装入利口酒打发淡奶油,每个泡芙挤入20g,盖上上部的泡芙,撒上糖粉。

1

2

5-A

5-B

6

Liebesknochen

手指泡芙

放入咖啡的棒状糕点，也叫做kaffeestangen。法语中叫做Éclair。将泡芙横向对半切开，挤入咖啡打发淡奶油，表面抹上咖啡糖霜，这是在德国糕点店常见的经典手指泡芙。

材料（长11cm，24根）	
Brandmasse	泡芙面糊　基础分量
Vanillekrem	卡仕达奶油酱（P110-A）　600g
Mokkasahnekrem	咖啡打发打发奶油
flüssige Sahne	┌淡奶油　500g
Zucker	│砂糖　50g
Blatt Gelatine	│吉利丁片　6g
Kahlúa	│咖啡利口酒　25g
Kaffeepulver	│速溶咖啡粉　5g
Wasser	└水　5g
Aprikosenmarmelade	杏酱（P116）　适量
Mokka Fondant	咖啡糖霜
Fondant	┌杏仁糖*　450g
Läuterzucker	│糖浆*　65~70g
Kaffeepulver	│速溶咖啡粉　5g
Wasser	└水　5g

制作方法

挤出基础面糊烘烤

1 烤盘抹上一层黄油（分量以外），裱花袋装上星形花嘴（8齿、直径11mm），装入泡芙面糊，在烤盘中挤出长11cm的棒状，喷水烘烤。[上火200℃/下火180℃:35~40分钟]

2 制作卡仕达奶油酱，放入冰箱冷藏。

3 手指泡芙烤好后，放在烤网上放凉，在1.5cm处切开。

准备奶油酱和果酱填馅

4 参考吉利丁打发淡奶油，制作咖啡打发淡奶油（P113）。

5 泡芙底部装入变软的**2**的奶油酱，每个泡芙挤入25g。上面用星形花嘴（8齿、直径11mm）在每个泡芙上挤入20g咖啡淡奶油。

6 泡芙上半部分抹上煮好的杏酱，凝固后用刷子刷上咖啡糖霜*A。放在**5**的上面。也可以直接蘸上，让多余的糖霜流下来B。

*将糖霜揉软，放入糖浆调整硬度。加热到35℃~36℃，放入用等量的水融化的速溶咖啡粉。调整到舀起面糊时，面糊能细细流下即可（抹上装饰的糖霜，质地更加柔软）。

1

3

5

6-A

6-B

Windbeutel
奶油泡芙 P40

Liebesknochen
手指泡芙 P41

Flockensahnetorte
雪顶奶油泡芙蛋糕 P43

Flockensahnetorte
雪顶奶油泡芙蛋糕

将泡芙面糊摊成薄薄的圆形后烘烤称酥脆的泡芙皮，中间夹上和雪片一样雪白的打发淡奶油。表面的酥粒丰富了口感。使用放入黄油的卡仕达奶油酱。

	材料（直径24cm×高5cm的圆慕斯模*1，1个）
Mürbeteig	甜酥派皮（P14）　300g
Brandmasse	泡芙面糊（P40）　约700g
Streusel	酥粒（P14）　80g
Himbeermarmelade	覆盆子果酱（P116）　50g
Kirschkompott	酸樱桃果泥（P116）　300g
Vanillesahnekrem	香草打发淡奶油
flüssige Sahne	┌打发淡奶油　500g
Läuterzucker	│糖浆*　50g
Vanillepaste	│香草泥*2　30g
Blatt Gelatine	└吉利丁片　3g
Dekoration	装饰
Schlagsahne mit Zucker	┌放入10%糖的打发淡奶油　300g
gehackte Pistazien	│开心果碎　适量
Brandbodenbrösel	│烤泡芙末　适量
Staubzucker	└糖粉　适量

＊1 没有底座的圆蛋糕模具。和圆形底座搭配使用。
＊2 较浓的天然香草。

制作方法

空烤甜酥派皮，切成圆形

1 将300g甜酥派皮擀成3mm厚的圆形，烘烤，根据模具切成直径24cm的圆形（P64）。

做4张圆泡芙皮，其中1张撒上酥粒烘烤

2 直径24cm的慕斯模撒粉，用2个树脂加工的烤盘印上2个痕迹（共计4个）。
＋ 没有表面加工的烤盘，抹上黄油印出痕迹。
3 将泡芙皮切成4等份（每张175g），放入烤盘均匀擀薄，和烤盘的痕迹重合A。其中1张撒上酥粒，用等分器（14等份）压出痕迹B。
4 烘烤。[上火200℃/下火180℃:25～30分钟]
5 烘烤完毕后，整形成直径24cm的圆形，将多余的部分切掉，将甜酥派皮切成14等份。
＋ 切掉的部分磨碎成粗末。

组合

6 甜酥派皮上抹上覆盆子果酱（无需重新再煮），放上**5**的带有酥粒的泡芙皮轻轻按压，套入慕斯模。将酸樱桃果泥装入裱糊带，挤出两个圆圈A，将香草打发奶油（参考P113:吉利丁打发淡奶油）挤入B，抹平，不要留下缝隙C。放上2张泡芙皮，抹上奶油。放上第3张泡芙皮D，抹上奶油，抹平E，放入冰箱冷藏凝固。
＋ 凹凸不平的表面放上2张泡芙皮，这样第3张泡芙皮就放在平坦的表面上了，这样方便组合。
7 脱模，表面抹上放入砂糖的打发淡奶油。侧面画出纹路，撒上开心果和泡芙末。放上带有酥粒的泡芙皮，撒上糖粉。

3-A

3-B

6-A

6-B

6-C

6-D

6-E

Massen
打发面糊

除了泡芙面糊（P40~P43），打发面糊中还有打发蛋液或者油脂、搅拌成细腻的气泡、气泡受热膨胀、面糊膨胀松软等各种质地。本书在P44~P75中总结了一下，将代表性的基础面糊做了详细介绍。每种面糊都有自己的特点，虽然大多很难准确区分，但一般分为油脂较多、蛋液较少的重油面糊（基础是6:4），主要是品尝面糊本身的味道。还有蛋液较多、油脂较少的轻油面糊，主要搭配淡奶油做成糕点。这里介绍了多种海绵蛋糕面糊。

Sandmass 1
黄油面糊（使用融化黄油的制作方法）

打发制作的面糊中也有黄油面糊。
基础分量是6:4。使用融化黄油的制作方法和海绵蛋糕一样需要打发蛋液制作，但黄油比例较高，成品也不同。主要品尝糕点本身的味道。

	材料（基础分量）	
Ei	全蛋	400g
Eigelbe	蛋黄	80g
Zucker	砂糖	260g
Salz	盐	2g
Zitronenabgeriebenes	柠檬皮屑	2g
Vanilleessenz	香草精	少量
Weizenmehl	低筋面粉	400g
Weizenpuder	澄粉	125g
Backpulver	泡打粉	7g
geschmolzene Butter	融化黄油	340g

○ 澄粉、泡打粉和低筋面粉一起过筛混合。
○ 黄油隔水加热融化，静置到约60℃。

制作方法

1 全蛋和蛋黄打散，放入砂糖、盐和柠檬皮屑，边隔水加热边用打蛋器搅拌，加热到约40℃。

2 离火，用制作糕点的专用搅拌机打发。打发到图片中的状态后，放入香草精。放入粉类，用橡皮刮刀搅拌均匀。

3 趁热倒入隔水加热融化的黄油，快速搅拌。
+2的打发蛋液的比重是0.25，面糊的比重是0.74（切碎后放入100ml量杯中），烤到恰到好处。

Sandkuchen
黄油蛋糕

就像名字中的sand（沙粒）一样，黄油蛋糕蓬松酥香。黄油会破坏蛋液的气泡，所以使用融化黄油的制作方法中会放入泡打粉，来辅助面糊的膨胀。澄粉比例越高，口感就越轻盈。虽然黄油蛋糕略微朴实，但调整比例、做法、形状和装饰方法后也能变换出各种样子。

	材料（20cm×10cm×7.5cm磅蛋糕模具，3个）	
Sandmasse	黄油面糊　基础分量	
Dekoration	装饰	
Aprikosenmarmelade	杏酱（P116）　适量	
Fondant	糖霜*　适量	

制作方法

○ 模具中抹上一层黄油（分量以外），模具内铺上大小合适的硫酸纸。

1 将黄油面糊倒入模具中，每个模具倒入500g。[上火180℃/下火150℃:30分钟]

2 烘烤完毕后立刻脱模，横向倒扣在案板上，将两侧面交替朝下，充分放凉。

3 撕下油纸，上面抹上煮好的杏酱和翻糖（P12，切面A）。

+ 将膨胀部分切下，杏仁糖和核桃、巧克力均匀混合后淋在蛋糕上（切面B），将模具换成带沟的圆锥形（直径16.5cm、高10cm），然后就变换了样子（切面C）。

2

A

B

C

Sandmasse 2
黄油面糊（砂糖黄油法）

砂糖黄油法是将黄油和砂糖完全打发制作的方法。也叫做 Einkesselmasse（一个碗就能制作面糊的意思）。

	材料（基础分量）	
Butter	黄油	250g
Zucker	砂糖	250g
Salz	盐	2g
Zitronenabgeriebenes	柠檬皮屑	3g
Ei	蛋液	250g
Vanilleessenz	香草精	少量
Weizenmehl	低筋面粉	250g

○ 黄油切薄片。黄油和鸡蛋回温到约27℃。

制作方法

1 黄油用制作糕点的专用打蛋器搅拌到顺滑，然后改用搅拌机搅拌到颜色发白。

2 放入砂糖、盐和柠檬皮屑继续打发。分6次放入蛋液，边放边打发。放入香草精。
+ 如果中间出现油水分离，可以放入一部分粉类。

3 放入低筋面粉。从搅拌机中取下，用橡皮刮刀搅拌到出现光泽。

Altdeutscher Apfelkuchen
德国苹果蛋糕

来自德国的最基础的4成黄油面糊中放入切薄片的苹果烘烤蛋糕。不论从外表还是味道，都能感受到浓浓的地域特色。放入的是新鲜苹果，尽量选用水分较少、略带酸味、烘烤后变软的苹果。

	材料（直径24cm、高5cm的圆慕斯模*，1个）
Sandmasse	黄油面糊2（基础分量）
Garniture	馅料
Apfel	┌ 苹果　1个
gehobelte Mandeln	└ 杏仁片（造型用）　适量
Dekoration	装饰
Aprikosenmarmelade	┌ 杏酱（P116）　适量
Fondant	└ 翻糖*　适量

＊没有底座的圆蛋糕模具。和圆形底座搭配使用。

制作方法

○ 慕斯模内侧抹上一层黄油（分量以外），放上白纸（普通纸），纸沿着模具的侧面一点点向上折，将底部包起来A、B。侧面均匀贴上杏仁片C。
+ 不用油纸，而是不含荧光的复印用纸等普通白纸。
苹果去皮去芯，切成2mm厚的薄片。
1 将黄油面糊倒入准备好的模具中A，将苹果嵌入面糊中，从中间开始呈放射状摆好B。
2 烘烤。[上火180℃/下火150℃:约60分钟]
3 烤好后从烤箱中取出，静置10分钟后脱模，放在烤网上放凉。
4 抹上杏酱和翻糖装饰（P12）。

o - A

o - B

o - C

1 - A

1 - B

Englischer Fruchtkuchen

意大利水果蛋糕

代表性的黄油蛋糕之一,就是面糊中放入酒渍水果烘烤。使用麦淇淋能产生更多气泡,烘烤也更简单。烘烤后用纸包好静置1天,充分吸收水分,水果也变得柔软结实。然后用海绵蛋糕片卷起压实,这样能长时间保存。

材料（a:7.5cm×33cm×高6.5cm、b:8cm×24cm×高6.5cm，各1个）	
Sandmasse	黄油面糊（使用麦淇淋的方法）
Butter	⎡黄油 150g
Margarine	麦淇淋 150g
Zucker	砂糖 300g
Vanilleessenz	香草精 少量
Ei	蛋液 300g
Weizenmehl	低筋面粉 250g
Weizenpuder	澄粉* 110g
Rosinen mit Rum	朗姆酒渍葡萄干 260g
Korinthen mit Rum	朗姆酒渍科林斯葡萄干 100g
gewürfeltes Zitronat mit	利口酒渍柠檬皮
Kirschwasser	（切5mm小块）130g
gewürfeltes Orangeat mi	金万利力娇酒渍橙皮
Gand Marnier	⎣（切5mm小块）130g
Dekoration	装饰
Kapsel für Roulade	⎡蛋糕卷用蛋糕糊（P70）
	60cm×40cm1片
Aprikosenmarmelade	杏酱（P116） 适量
geröstete, gehobelte Mandeln	烤杏仁片 适量
Staubzucker	⎣糖粉 适量

制作方法

○ 模具内抹上一层黄油（分量以外），模具内铺上大小合适的硫酸纸。

○ 黄油和麦淇淋切薄片，回温到约27℃。

+ 温度降低的话容易分离。

○ 水果干各自沥干水分。

○ 澄粉无需过筛，和低筋面粉各自放置。

制作蛋糕面糊烘烤

1 黄油和麦淇淋用制作糕点的专用搅拌机,搅拌到颜色发白。

+ 麦淇淋起泡性更好,能混入更多空气。

2 放入砂糖继续打发,边将蛋液分6次放入边搅拌。为了以防放入蛋液时油水分离,放入澄粉。蛋液全部搅拌均匀后,放入香草精。

+ 和使用融化黄油制作的基础黄油面糊相比,蛋液和黄油更容易分离,所以澄粉要单独放置,提前放入。但注意不要搅拌过度。

3 将部分低筋面粉倒入水果干中,将水果干裹上面粉。剩余的低筋面粉倒入**2**中,用橡皮刮刀搅拌到出现光泽,然后放入裹上面粉的水果干,搅拌均匀。

4 将蛋糕面糊放入模具中烘烤。[上火180℃/下火150℃:约60分钟]

+ 尺寸a的模具放入1100g面糊,b的模具放入710g面糊。

5 烘烤完毕后立刻脱模,横向倒扣在案板上,两侧面交替朝下,充分放凉。

装饰

6 放凉后撕下硫酸纸,将膨胀的部分切掉。长边的4面抹上杏酱。

7 将海绵蛋糕片以焦黄色的一面为内侧向前卷起A。卷起一圈后切掉多余的部分B,粘好。

8 上面和侧面抹上煮好的杏酱,贴上杏仁片,撒上糖粉。

5

6

7-A

7-B

Puffer

葡萄干黄油蛋糕

因为放入杏仁糖，所以蛋糕质地更紧实。可以撒上糖粉装饰，也可以淋上糖霜或者调温巧克力。"Puffer" 是蓬松、柔软的拟声、拟态词，也指马铃薯面包蛋糕。常用来称呼用咕咕霍夫模具烘烤的黄油蛋糕。

	材料（直径18.5cm、高9cm的咕咕霍夫模具:容量1350ml, 2个）
Sandmasse	黄油面糊（放入翻糖的方法）
Butter	┌ 黄油 350g
Marzipanrohmasse	杏仁糖* 80g
Zucker	砂糖 350g
Zitronenabgeriebenes	柠檬皮屑 2g
Vanilleessenz	香草精 少量
Ei	蛋液 350g
Weizenmehl	低筋面粉 250g
Weizenpuder	澄粉 200g
Backpulver	泡打粉 8g
Rosinen mit Rum	└ 朗姆酒渍葡萄干 160g
Dekoration	装饰
Aprikosenmarmelade	┌ 杏酱（P116） 适量
Fondant	翻糖* 适量
geröstete, gehobelte Mandeln	└ 烤杏仁片 适量

○ 模具内抹上一层黄油，贴上蛋糕末（分量以外）。
○ 黄油切薄片。黄油和鸡蛋回温到约27℃。
○ 澄粉、泡打粉和低筋面粉一起过筛混合。
○ 朗姆酒渍葡萄干沥干水分。

制作黄油面糊、静置

1 杏仁糖和等量的黄油一起，用木铲搅拌到没有疙瘩。
2 剩余的黄油用制作糕点的专用搅拌机搅拌到顺滑。放入**1**的翻糖，用制作糕点用搅拌机搅拌到颜色发白、混入空气。
3 放入砂糖、柠檬皮屑和香草精，搅拌均匀。分几次放入蛋液，用制作糕点的专用搅拌机搅拌，继续混入空气。
+ 注意不要油水分离。不要搅拌过度。
4 放入混合好的粉类，搅拌均匀。倒在烤盘上摊平，盖上保鲜膜，使表面不会干燥，放在阴暗处静置1天。

烘烤、装饰
5 将静置1天的黄油面糊搅拌到柔软A，放入葡萄干，用橡皮刮刀搅拌均匀B。
6 倒入模具A（每个模具放入面糊约800g），在毛巾上轻轻敲打抹平B，烘烤。[上火170℃/下火170℃:约50分钟]
7 烘烤完毕后从烤箱中取出，直接静置5分钟脱模，放在烤网上放凉。
8 抹上杏酱和翻糖（P12），侧面和上部撒上杏仁片。

2　　　　　　3

4　　　　5-A　　　　5-B　　　　6-A　　　　6-B

Variante 创新

Schokoladen Puffer

巧克力黄油蛋糕

P51的图片前方。将1个蛋糕分成2等份，1份放入45g朗姆酒渍葡萄干，另一份放入45g切碎的巧克力A。首先将巧克力面糊倒入准备好的模具，再倒入放入葡萄干的面糊B，将表面抹平烘烤。

A　　　　　　B

Baumkuchen

年轮蛋糕卷

德国糕点店中一款看似简单，但味道浓郁的糕点。中间插有棍子，切口像树木的年轮一样层层分明，这也是检验糕点师水平的一款糕点。年轮蛋糕卷的油脂并不仅限于黄油。现在这种年轮蛋糕卷出现在18世纪，使用砂糖、鸡蛋、黄油等身边的材料做成。

材料（直径17cm，长6cm，1个）

Baumkuchenmasse	蛋糕面糊	
Butter	黄油	1500g
Zucker	砂糖	750g
Zitronenabgeriebenes	柠檬皮屑	5g
Vanilleessenz	香草精	少量
Eigelb	蛋黄	1000g
Arrak	亚力酒*	180g
Eiweiß	蛋白	1500g
Zucker	砂糖	750g
Salz	盐	10g
Weizenmehl	低筋面粉	500g
Weizenmehl	高筋面粉	250g
Weizenpuder	澄粉*	750g
fein geriebene Mandeln	杏仁粉	200g
Backpulver	泡打粉	15g
Zimtpulver	肉桂粉	5g
Muskatblutepulver	肉豆蔻粉	2g
Pimentpulver	多香果粉	2g

＊发源于西亚，现在各地都能制作的酒精度数较高的蒸馏酒。原料是果实、椰子树汁液、糖蜜、大米等。

○ 准备芯棒：直径6.5cm的棍子卷上白纸（普通纸），然后卷上锡纸。打开年轮蛋糕烘烤机，在点火的机器上将芯棒来回转动加热。

○ 黄油、蛋黄回温到约27℃。

○ 低筋面粉、高筋面粉、澄粉、杏仁粉、泡打粉和香料混合过筛。

制作年轮蛋糕面糊

1 黄油用制作糕点的专用搅拌机搅拌到顺滑、没有疙瘩的状态。

2 从750g砂糖中取出和柠檬皮等量的砂糖放入后搅拌均匀，倒入**1**内。然后倒入香草精、剩余的砂糖，搅拌到颜色发白。

3 将蛋黄打散，倒入**2**内。倒入亚力酒，搅拌均匀。

4 蛋白、750g砂糖和盐做成蛋白霜（打发到有小角立起、尖角弯曲的状态）。

5 **3**和**4**搅拌均匀后，放入预先均匀混合的粉类继续搅拌。放入冰箱冷藏静置约1小时。

烘烤

6 用勺子将面糊均匀地淋在加热过的芯棒上。立刻将芯棒插入烘烤机中，盖上盖子。有面糊溢出时，将多余面糊抹掉，如果没有面糊溢出，将芯棒往里插入烘烤机中，烘烤2分钟。

＋ 溢出的面糊可以反复使用。面糊会快速上色，无需过分干燥就可以烘烤，所以需要将烘烤机的盖子盖上。如果烘烤期间膨胀出来了，用叉子、竹签等修整。

7 烘烤3层后，使用专用梳子边划出纹理边整形烘烤。上色后，淋上新的面糊烘烤，烤好后重复这个步骤，共重复20次。

＋ 调整芯棒的旋转速度来做成年轮形状，对外观也有影响。淋上面糊后，快速转动芯棒，这样表面会形成不规则的锯齿形状。为了让表面平滑，处处呈现均匀的年轮形状，就要慢慢转动芯棒，淋上较厚的面糊。慢慢增加厚度，控制旋转速度，将面糊完全烤熟。

Baumkuchentorte
年轮蛋糕 P54

Baumkuchentorte
年轮蛋糕

将面糊淋在芯棒上烘烤出一层层的年轮蛋糕卷，也可以使用模具烘烤成层层叠加的蛋糕。抹上杏仁糖，淋上巧克力。这里介绍使用2个碗进行操作的分蛋打发法。

	材料（直径18cm的圆形模具*¹，3个）
Baumkuchenmasse	**蛋糕面糊**
Butter	黄油　300g
Marzipanrohmasse	杏仁糖*　150g
Eigelb	蛋黄　150g
Zucker	砂糖　150g
Vanilleessenz	香草精　少量
Arrak	亚力酒*²　50g
Eiweiß	蛋白　225g
Zucker	砂糖　150g
Salz	盐　2g
Weizenmehl	低筋面粉　180g
Weizenpuder	澄粉　150g
Backpulver	泡打粉　5g
Muskatblütepulver	肉豆蔻粉　1g
Pimentpulver	多香果粉　0.6g
Dekoration	**装饰**
Aprikosenmarmelade	杏酱（P116）　300g
Marzipanmasse	杏仁糖（P115）　450g
dunkle Kuvertüre	调温巧克力（甜）　600g
Kakaobutter	可可黄油　60g
Butterkrem	**黄油奶油酱（P112-A）　300g**
Schokoladenornament	装饰用巧克力　30g
geröstete, gehobelte Mandeln	烤杏仁片　100g

制作方法

○ 模具内侧抹上一层黄油（分量以外），底部铺上油纸。
○ 将切薄片的黄油和鸡蛋回温至约27℃。
○ 澄粉、香料、泡打粉和低筋面粉一起过筛。

制作年轮蛋糕面糊

1 黄油和杏仁糖用木铲搅拌均匀。边放入蛋黄、150g砂糖、亚力酒、香草精，边用制作糕点的专用搅拌机搅拌。
2 将蛋白、150g砂糖和盐打发成蛋白霜，倒入**1**内。
+ 打发到有小角立起、尖角弯曲的状态。
3 将过筛混合的粉类倒入，搅拌均匀。

烘烤

4 将少量面糊倒入模具中烘烤，再倒入面糊继续烘烤，烘烤成层层叠加的状态。第一层面糊要经历几次烘烤，所以厚度略厚，倒入200g。第二层以后倒入120g。[上火250℃/下火100℃:第一层10分钟，第二层以后5分钟]
+ 使用专业烤箱时，为了减弱下面的火力，需要将铁板倒扣放入烤箱中，盖在上面烘烤。每烘烤一层都要注意喷水降温，注意不要让余热烤熟面糊。中间膨胀的话，可以用叉子叉出空气。
5 烘烤完毕后，脱模放在烤网上放凉，撕下油纸。

装饰

6 抹上杏酱A，盖上摊薄的杏仁糖B。将放入可可黄油的调温后*的巧克力淋在表面装饰C。
7 贴上烤杏仁片，用加热过的等分器印上10等分的痕迹。侧面也用加热过的刀子压出痕迹，这样便于分切。裱花袋装上星形花嘴（8齿、直径11mm），装入黄油奶油酱，装饰上巧克力。

*1 开口的圆形模具。Konisch:圆锥形。
*2 参考P52。

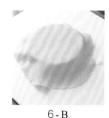

| 4 | 4+ | 6-A | 6-B | 6-C |

Variante 创新

Butterkrem Halbrund
半圆黄油奶油酱蛋糕

将上述的年轮蛋糕用30cm×40cm×3.5cm的模具烘烤，切成4等份，用杏酱黏着叠加。切成1cm厚，铺在半圆模具中，放入利口酒黄油奶油酱(P112-A)和切块的蛋糕，将蛋糕作盖，冷藏凝固。

Wienermasse

黄油全蛋打发海绵蛋糕

用温水打发，最后放入融化的黄油。
和黄油蛋糕相比，海绵蛋糕的黄油比例较少，更重视蛋液的起泡性。一般和淡奶油搭配使用，所以被分类为轻油蛋糕。"Wiener"是维也纳的意思。

材料(直径24cm、高5cm的圆慕斯模*，1个)

Ei	蛋液 250g
Eigelbe	蛋黄 40g
Zucker	砂糖 200g
Zitronenabgeriebenes	柠檬皮屑 2g
Vanilleessenz	香草精 少量
Weizenmehl	低筋面粉 100g
Weizenpuder	澄粉* 100g
geschmolzene Butter	融化的黄油 50g

＊没有底座的圆蛋糕模具。和圆形的底座搭配使用。
○ 澄粉和低筋面粉一起过筛混合

制作方法

1 蛋液和蛋黄混合，用打蛋器打散，边放入砂糖搅拌均匀，边隔水加热到约40℃。

2 离火，用制作糕点的专用搅拌机高速打发。完全打发后放入香草精。
＋ 打发到缎带状，即面糊呈缎带状缓缓落下，在碗中留下痕迹。

3 放入粉类，用橡皮刮刀搅拌均匀。最后倒入隔水加热的黄油(约60℃)，搅拌均匀。

＋ 黄油会导致蛋液消泡，所以要尽快搅拌。放入黄油后，比重在0.50(放入100ml量杯中计量)最合适。

＋ 和P47一样，倒入准备好的模具中烘烤，海绵蛋糕就做好。烘烤后切薄片，也叫做维也纳蛋糕片。
＋ 也可以倒入烤盘中摊平，烤成蛋糕片。

Frankfurter Kranz

法兰克福皇冠蛋糕

味道浓郁的黄油海绵蛋糕和黄油奶油酱搭配做成的一款经典德国糕点。特点是将蛋糕烤成皇冠的形状(圆圈形状)。朗姆酒糖浆和覆盆子果酱谱写了抑扬顿挫的美味篇章，淋上焦糖使内容更丰富。

材料(直径24cm的模具*，1个)

Wienermasse	黄油海绵蛋糕	
Butterkrem	黄油奶油酱(P112-A)	450g
Himbeermarmelade	覆盆子果酱(p116)	30g
zum Tränken	酒糖液*	(120g使用)
Rum	┌ 朗姆酒 75g	
Läuterzucker	└ 糖浆 100g	
Dekoration	装饰	
Krokant	┌ 焦糖(P115)	200g
Butterkrem	│ 黄油奶油酱(P112-A)	150g
kandierte Kirsche	│ 脱水樱桃 4个	
Pistazien	│ 开心果 7个	
Staubzucker	└ 糖粉 适量	

＊像甜甜圈一样中空的圆形模具。面糊更容易烤熟。

制作方法

○ 模具抹上黄油，撒上蛋糕末(分量以外)。
○ 将4个脱水樱桃和开心果用热水焯过，纵向对半切。
1 将蛋糕糊倒入模具中烘烤[上火180℃/下火150℃:约30分钟]。从烤箱中取出，静置约5分钟脱模，放在烤网上放凉。
2 将1的蛋糕横向切成3等份，最下面的蛋糕片用刷子刷上酒糖液(放入朗姆酒的糖浆)。放上120g黄油奶油酱，用抹刀均匀抹平，用2把勺子画出2条沟A。沿着沟用裱花袋将覆盆子果酱挤入B。放上中间的蛋糕片，重复一遍这个步骤C，放上下面刷有一层糖浆的最上面蛋糕片D。

Frankfurter Kranz
法兰克福皇冠蛋糕 P55

制作方法

3 表面薄薄抹上一层黄油奶油酱，放入冰箱冷藏约30分钟。充分冷却凝固后，再在表面薄薄抹上一层，最后撒上焦糖。

4 用等分器印出14等分的痕迹，裱花袋装上星形花嘴（直径11mm、8齿），装入黄油奶油酱基础。撒上糖粉，装饰上脱水樱桃和开心果。

2-A	2-B	2-C	2-D	3

Schokoladenmasse
巧克力海绵蛋糕

分蛋打发法制作的海绵蛋糕。放入巧克力，一般是可可粉和面粉过筛混合放入，使用糖浆融化，能烤出质地绵润的蛋糕。

制作方法

1 蛋黄内放入砂糖，用制作糕点的专用搅拌机打发。糖浆和可可粉均匀混合，搅拌到顺滑。

2 蛋白、砂糖和盐做成硬挺的蛋白霜。打发到有小角立起，富有光泽。

3 取部分**2**放入**1**内，搅拌均匀。

4 剩余的蛋白霜和粉类层层交叉放入，用橡皮刮刀搅拌均匀。

材料（直径24cm、高5cm圆慕斯模，1个）

Eigelb	蛋黄	150g
Zucker	砂糖	40g
Läuterzucker	糖浆*	100g
Kakaopulver	可可粉	40g
Eiwei	蛋白	100g
Zucker	砂糖	75g
Salz	盐	2g
Weizenmehl	低筋面粉	50g
Weizenpuder	澄粉*	50g
Zimtpulver	肉桂粉	2g

○ 澄粉、肉桂粉和低筋面粉一起过筛混合。
○ 圆慕斯模安上底座（P46）。

5 倒入准备好的模具中烘烤[上火180℃/下火150℃:30分钟→开风档:5~10分钟]。烘烤完毕后，放在模具中放凉、脱模、撕下油纸。

+ 面糊做好后，舀起面糊，面糊缓缓留下，碗中留有痕迹。

+ 烘烤完毕后，放凉直接放入冰箱冷藏1晚，口感更好。

+ 也可以摊成较薄的圆形面糊，做成蛋糕。

KOLUMNE

Marzipan 翻糖

翻糖是杏仁和砂糖均匀混合揉成的泥状。德国北部的吕贝克（参考P62吕贝克果仁蛋糕）是翻糖的著名产地。在德国，翻糖除了做成塑造各种造型（模仿火腿或烤鸡等），还可以丰富味道切成小块，表面用喷枪烧焦，做成一些小糕点（如Konigsberger Marzipan）。另外，糕点的面糊中放入杏仁，能丰富味道，让味道更浓郁。作为基础的杏仁糖，规定成品的含糖量要低于35%（私家制品参考P115）。然后放入糖粉调整甜度，对应杏仁糖的量放入最大等量的糖粉（参考P115）。

模仿吕贝克城门的翻糖作品

左:杏仁膏
右:杏仁糖

Schwarzwälder Kirschtorte

黑森林樱桃蛋糕

在德国西南部的森林地域，黑森林(Schwarzwäld)地区的特产是酸樱桃。酸樱桃和清爽香味的利口酒搭配巧克力海绵蛋糕制作的蛋糕是一款很有代表性的经典蛋糕。不仅仅是蛋糕的形状独特，酸樱桃、奶油和利口酒相互搭配的糕点自古以来在德国南部也非常出名。切成薄片的巧克力让我们联想到了幽深的森林。

材料(直径24cm、高5cm圆慕斯模，1个)

Mürbeteig	甜酥派皮(p14) 300g
Himbeermarmelade	覆盆子果酱(p116) 25g
Aprikosenmarmelade	杏酱(p116) 25g
Schokoladenmasse	巧克力海绵蛋糕(p57)
zum Tränken	酒糖液*
Kirschwasser	┌ 利口酒 50g
Läuterzucker	└ 糖浆* 100g
Kirschkompott	酸樱桃果泥(p115) 280g
Schokoladensahnekrem	巧克力打发淡奶油
flüssige Sahne	┌ 淡奶油 350g
Milchkuvertüre	└ 调温巧克力(牛奶) 175g
Kirschsahnekrem	利口酒打发淡奶油
flüssige Sahne	┌ 淡奶油 350g
Läuterzucker	│ 糖浆* 35g
Kirschwasser	│ 利口酒 50g
Blatt Gelatine	└ 吉利丁片 4.5g
Dekoration	装饰
Schlagsahne mit Zucker	┌ 放入10%糖的打发淡奶油 300g
Schokoladenspäne	│ 巧克力碎 适量
Sauerkirsche	│ 酸樱桃 14粒
Pistazien	│ 开心果 7个
Schokoladenbiskuitbrösel	│ 巧克力蛋糕末 适量
Staubzucker	└ 糖粉 适量

制作方法

○ 巧克力海绵蛋糕提前一天烤好，巧克力打发淡奶油（ P113）提前一天做好，放入冰箱冷藏。

○ 开心果用热水焯过，纵向对半切。

制作圆形甜酥派皮

1 将甜酥派皮空烤，切成直径24cm的派皮（P64）。

组合

2 巧克力海绵蛋糕用直径24cm的圆慕斯模烘烤，切成厚1.5cm和1cm的蛋糕片。1cm厚的蛋糕片切成直径21cm。

3 杏酱和覆盆子果酱混合，抹在甜酥派皮上，放在1.5cm厚的巧克力蛋糕片上。抹上酒糖液（放入利口酒的糖浆），放入慕斯圈。

4 将静置1晚的巧克力打发淡奶油A，用制作糕点的专用搅拌机打发B，裱花袋装上直径13mm的圆口花嘴，装入淡奶油，挤入3的模具中。将酸樱桃果泥直接装入裱花袋，挤入奶油之间C，抹平奶油。放上2的厚1cm、直径21cm的巧克力蛋糕片，刷上糖浆D。

5 制作利口酒打发淡奶油（参考P113:吉利丁打发淡奶油），倒入4内抹平，放入冰箱冷藏凝固。

装饰

6 脱模，抹上放糖的打发淡奶油，贴上巧克力蛋糕末。

+ 巧克力蛋糕末是将巧克力海绵蛋糕的剩余蛋糕用笊篱过滤做成。

7 用等分器印出14等分的痕迹，使用慕斯圈，在中间部门放上巧克力碎，装饰上酸樱桃和开心果。巧克力部分撒上糖粉。

2

3

4-A

4-B

4-C

4-D

7

Ananassahnetorte

菠萝蛋糕

放入翻糖、菠萝的分蛋打发海绵蛋糕。虽然德国并不种植菠萝，但使用菠萝的糕点却很常见，这可能也是一种憧憬吧。

	材料（直径24cm、高5cm圆慕斯模，1个）
Mürbeteig	甜酥派皮（p14）　300g
Aprikosenmarmelade	杏酱（p116）　50g
Ananasmasse	蛋糕面糊
Marzipanrohmasse	┌ 杏仁糖*　100g
Ananaspaste	│ 菠萝泥　40g
Eigelb	│ 蛋黄　100g
Eiweiß	│ 蛋白　150g
Zucker	│ 砂糖　85g
Salz	│ 盐　2g
Weizenmehl	│ 低筋面粉　60g
Weizenpuder	└ 澄粉*　60g
Ananassahnekrem	菠萝奶油酱
Ananassaft	┌ 菠萝果汁　250g
Eigelb	│ 蛋黄　60g
Zucker	│ 砂糖　60g
Weizenmehl	│ 低筋面粉　30g
Blatt Gelatine	│ 吉利丁片　4.5g
Kirschwasser	│ 利口酒　30g
Schlagsahne	└ 打发淡奶油　200g
Ananasgelee	菠萝果冻
Passionfruchtpüree	┌ 混合水果泥　100g
Zucker	│ 砂糖　100g
Pektin	│ 果胶（LM果胶*）　2g
Ananasmarmelade	└ 菠萝果酱　70g
Dekoration	装饰
Schlagsahne mit Zucker	┌ 放入10%砂糖的打发淡奶油　300g
geröstete, gehobelte Mandeln	│ 烤杏仁片　适量
gehackte Pistazien	│ 切碎的开心果　适量
Ananas	└ 糖浆渍菠萝（罐头）　适量

＊ 果胶，和果酱用的普通果胶相比，可以凝固糖度和酸度更低的
东西。用来制作果冻或者镜面果胶。

1　将甜酥派皮空烤，做成直径24cm的派皮（P64）。

制作菠萝蛋糕、烘烤
2　翻糖和菠萝泥用橡皮刮刀搅拌均匀，放入蛋黄，用制作糕点的专用搅拌机打发。

3　蛋白、砂糖和盐制作柔软的蛋白霜（有小角立起，尖角弯曲），和**2**均匀混合，倒入粉类，用橡皮刮刀搅拌均匀。

4　模具的底纸上铺上油纸，将**3**的面糊分成4等份（每份约140g），将面糊摊薄，和纸张的圆圈重合，烘烤[上火210℃/下火150℃:8～10分钟、双层烤盘]。

5　放凉后撕下油纸，放在烤网上放凉。

制作菠萝奶油酱
6　将菠萝果汁倒入锅内，加热到接近沸腾。

7　碗内放入蛋黄和砂糖，搅拌到颜色发白，放入低筋面粉。放入加热的菠萝果汁，倒回过滤锅内，煮成黏稠的奶油状。倒入方盘内，盖上保鲜膜，紧贴奶油酱，碗底放上冰水冷却。
＋ 和卡仕达奶油酱（P110）顺序相同。

8　倒入碗内，用木铲搅拌到顺滑。泡软的吉利丁片内倒入利口酒融化，倒入碗内。放入打发淡奶油，搅拌均匀。
＋ 边一点点倒入吉利丁液，边搅拌均匀，这样不会产生疙瘩。

组合、装饰
9　甜酥派皮抹上杏酱，放上1片**4**的蛋糕片，烘烤的一面朝上A，装入慕斯圈。倒入160g的**8**的奶油酱，抹平。重复同样的步骤，组合成4片蛋糕片夹上3层奶油的结构，最上面1片的烘烤面朝下B。放入冰箱冷藏凝固1小时。

10　准备菠萝果冻。果胶和砂糖均匀混合，倒入菠萝泥搅拌均匀。加热到沸腾，煮约5分钟，倒入碗内放凉。倒入菠萝果酱。

11　**9**抹上**8**的奶油酱，然后抹上放糖的打发淡奶油，侧面用刮板刮出纹理。然后贴上杏仁片，用等分器印出**14**等分的痕迹，中间放上**10**的菠萝果冻。裱花袋装上直径10mm的圆口花嘴，装入打发淡奶油，挤在果冻周围，外侧用星形花嘴（8齿、直径5mm）挤出14个小花，用菠萝（将1片菠萝切成12等份）装饰。撒上开心果碎。

制作方法
○ 澄粉和低筋面粉一起过筛混合。
○ 准备画有直径24cm圆的纸张。

2

3

7

9 - A

9 - B

Lübecker Nusssahnetorte

吕贝克果仁蛋糕

放入榛子仁的分蛋打发海绵蛋糕，用下火烘烤味道更香。组合后冷冻凝固，覆上翻糖，趁硬分切。食用前留出时间回软，会变得异常松软，翻糖的味道更是绝美。

	材料（直径24cm、高5cm圆慕斯模，1个）
Mürbeteig	甜酥派皮（p14） 300g
Aprikosenmarmelade	杏酱（p116） 50g
Nussmasse	蛋糕面糊
Eigelb	┌ 卵黄 50g
Marzipanrohmasse	│ 杏仁糖* 50g
Eiwei	│ 蛋白 80g
Zucker	│ 砂糖 50g
Salz	│ 盐 1g
Weizenmehl	│ 低筋面粉 15g
geröstete, fein geriebene Haselnüsse	│ 烤好的榛子仁切细末 50g
Biskuitbrösel	│ 蛋糕末 25g
Zimtpulver	│ 肉桂粉 1g
Vanilleessenz	└ 香草精 少量
Nusssahnekrem	打发淡奶油
flüssige Sahne	淡奶油（乳脂含量38%） 700g
Staubzucker	┌ 糖粉 40g
Rum	│ 朗姆酒 40g
Blatt Gelatine	│ 吉利丁片 8g
gröstere, gehackte Haselnüsse	└ 烤过切碎的榛子仁 125g
Dekoration	装饰
Schlagsahne mit Zucker	┌ 放10%砂糖的打发淡奶油
	│ （乳脂含量47%） 150g
Marzipanmasse	│ 杏仁膏（p115） 350g
Glykose	│ 麦芽糖 35g
Mandelbitteressenz	│ 杏仁香精 少量
Lebensmittelfarbe (braun)	│ 食用色素（茶褐色）
Haselnüsse	│ 剥皮榛子仁 14个
Kakaobutter	│ 可可黄油 少量
dunkle Kuvertüre	│ 调温巧克力（甜） 少量
gröstere, gehackte Haselnüsse	└ 烤过切碎的榛子仁 适量

制作方法

○ 准备2张画有直径24cm圆的底纸。

○ 榛子仁切末，和蛋糕末、肉桂粉、低筋面粉一起用笊篱筛过混合。

1 将甜酥派皮空烤，做成直径24cm的派皮（P64）。

制作放入果仁的分蛋打发海绵蛋糕烘烤

2 杏仁糖内放入蛋黄，用木铲搅拌到柔软。用制作糕点的专用搅拌机打发到颜色发白、混入空气。

3 蛋白、砂糖和盐制作硬挺的蛋白霜（有小角立起）。放入**2**，用橡皮刮刀轻轻搅拌，继续放入粉类和果仁，搅拌均匀。

4 底纸上铺上油纸，将**3**的面糊用抹刀摊薄，和底纸的圆形重合（1张约600g），烘烤[上火200℃/下火180℃：12分钟]。放凉后撕下油纸，放在烤网上放凉。1片蛋糕片切成21cm。

制作放入果仁的打发淡奶油

5 淡奶油内放入糖粉，碗底放上冰水，用制作糕点的专用搅拌机打发。

6 泡软的吉利丁片中倒入朗姆酒，隔水加热融化。放入部分**5**，搅拌均匀。

7 放入切碎（约5mm）的榛子仁。

组合、烘烤

8 **1**抹上杏酱，放上直径24cm的蛋糕片。装入慕斯圈，将**7**的放果仁的打发淡奶油挤至模具一半高。边缘接近模具边缘，中间略低，放入直径21cm的蛋糕片，轻轻按压。然后将**7**的奶油酱挤满模具，表面抹平，放入冰箱冷冻凝固。

9 凝固后从冰箱中取出，脱模，薄薄抹一层放糖的打发淡奶油。

10 杏仁膏放入麦芽糖揉匀，调整硬度，放入少量杏仁香精和茶褐色色粉。擀薄，用带有纹理的擀面棒擀出花纹。

11 **9**盖上翻糖，用刮板压实。

12 给可可黄油喷水，以免干燥。调温巧克力用圆锥形纸袋挤出。裱花袋装上星形花嘴（8齿、直径6mm），装入放糖的打发淡奶油，挤出，装饰上榛子仁。

+ 将调温巧克力融化，倒入少量的水和淡奶油，使其乳化再用。

8   11

Prager Kirschtorte

布拉格樱桃蛋糕

使用翻糖、杏仁的分蛋打发海绵蛋糕，搭配樱桃和焦糖杏仁。为了凸显最上面烤好的蛋糕，就像烘烤糕点一样只装饰上杏酱。

材料（直径24cm、高5cm圆慕斯模，1个）		
Mürbeteig	甜酥派皮（p14）　300g	
Himbeermarmelade	覆盆子果酱（p116）　50g	
Mandelbiskuitmasse	杏仁分蛋打发海绵蛋糕	
Eigelb	┌ 蛋黄　135g	
Marzipanrohmasse	│ 杏仁糖*　120g	
Zucker	│ 砂糖　60g	
Eiwei	│ 蛋白　180g	
Zucker	│ 砂糖　75g	
Salz	│ 盐　1g	
Weizenmehl	│ 低筋面粉　120g	
geschmolzene Butter	│ 融化黄油　40g	
Sauerkirsche	│ 酸樱桃　40粒	
Krokant	└ 焦糖（P115）　40g	
Musseline-krem	慕斯奶油酱	
Vanillekrem	┌ 卡仕达奶油酱（p110-A）　345g	
Butterkrem	│ 黄油奶油酱（p112-A）　500g	
Kirschwasser	└ 利口酒　30g	
Dekoration	装饰	
Aprikosenmarmelade	┌ 杏酱（P116）　适量	
gehackte Pistazien	│ 开心果切末　适量	
geröstete, gehobelte Mandeln	└ 烤杏仁片　适量	

制作方法

○ 准备2张画有直径24cm圆的底纸（60cm×40cm烤盘）。

1　将甜酥派皮揉成圆柱形，按压成圆盘形状A。用擀面棒擀成直径26cm、厚3mm的圆形B，叉孔（P12*）烘烤（参考下述进行二度烘烤）。烘烤完成后，趁热装入模具，用刀子将周边多余的面团切下，整形成24cm的派皮D。

制作杏仁分蛋打发海绵蛋糕、烘烤

2　杏仁糖内放入蛋黄，在操作台上用木铲搅拌到柔软。放入砂糖，用制作糕点的专用搅拌机打发到颜色发白、混入空气。

3　蛋白、砂糖和盐制作柔软的蛋白霜（有小角立起、尖角弯曲）。

4　蛋白霜内放入**2**，用木铲轻轻搅拌，放入低筋面粉搅拌均匀。

5　放入融化黄油（约60℃），尽量快速搅拌，以免蛋白霜消泡。

6　底纸上铺有油纸，将5的面糊分成等份（每张约175g），用抹刀均匀摊薄，和底纸的圆圈重合。

7　其中2片蛋糕片成放射状均匀摆上酸樱桃（每片蛋糕约20粒），撒上焦糖（每片蛋糕20g），烘烤[上火180℃/下火150℃:约12分钟]。放凉，撕下油纸，放在烤网上放凉。

制作慕斯奶油酱，组合

8　制作慕斯奶油酱。将卡仕达奶油酱和黄油奶油酱均匀混合，倒入利口酒搅拌均匀。

9　甜酥派皮抹上覆盆子果酱，和7的烘烤蛋糕（未放焦糖和酸樱桃的那片蛋糕）重叠B。

10　放上第二片蛋糕和奶油酱，最后放上有酸樱桃和焦糖的蛋糕片，放入冰箱冷藏约1小时。

装饰

11　脱下慕斯圈，将煮好的杏酱用刷子刷在上面。侧面抹上**8**的奶油，用刮板刮出纹理，边缘裹上烤杏仁片，剩余的**8**的奶油用直径10mm的圆口花嘴挤在上面，撒上开心果碎。

+甜酥派皮的空烤（圆形）
将面团擀成圆形，叉孔，烤箱180℃烘烤约20分钟。放凉到可以触碰的程度，再烤8～10分钟，均匀上色。趁热分切备用。

1-A　　　　1-B　　　　1-C　　　　1-D

3

6

7

10 - A

10 - B

Prinzregententorte

摄政王蛋糕

受多柏思蛋糕(dobostorta)的启发，Julius Rottenhöfer设计了这款蛋糕。因代替路德维希二世统治巴伐利亚王国的摄政王柳特波德亲王而得名，8块蛋糕象征王国的8个地区，和奶油层层叠加而成。

材料（直径24cm、高5cm圆慕斯模，1个）		
Mürbeteig	甜酥派皮（p14)	300g
Aprikosenmarmelade	杏酱	50g
Prinzregentenmasse	蛋糕面糊	
Butter	黄油	300g
Zucker	砂糖	60g
Eigelb	蛋黄	200g
Vanilleessenz	香草精	少量
Zitronenabgeriebenes	柠檬皮屑	1g
Eiweiß	蛋白	300g
Salz	盐	1g
Zucker	砂糖	150g
Weizenmehl	低筋面粉	160g
Weizenpuder	澄粉*	40g
Backpulver	泡打粉	2g
Schokoladenbutterkrem	巧克力打发淡奶油	
Butterkrem	黄油奶油酱（P112-A)	1000g
	（基础分量×2)	
dunkle Kuvertüre	调温巧克力（甜）	300g
Dekoration	装饰	
Schokofettglasur	巧克力淋酱*	400g
Marzipanmasse	杏仁膏（P115)	200g
Schokoladenornament	装饰用巧克力	14个
Schokoladenspäne	巧克力碎	适量

＊淋面专用的巧克力(准巧克力)。

制作方法

○ 澄粉、泡打粉和低筋面粉一起过筛混合。黄油回温到约27℃。

○ 准备画有直径24cm圆的纸张。

1 将甜酥派皮空烤，做成直径24cm的派皮（P64）。

制作蛋糕面糊、烘烤

2 黄油和砂糖用制作糕点的专用搅拌机搅拌到颜色发白，放入蛋黄、香草精和柠檬皮屑，搅拌均匀。

＋ 黄油比例较高，用砂糖黄油法制作。

3 蛋白、砂糖和盐制作柔软的蛋白霜（有小角立起，尖角弯曲）。

4 将少量蛋白霜放入**2**中均匀混合。剩余的蛋白霜和粉类交叉放入，用橡皮刮刀从下往上翻拌，搅拌均匀。

5 底纸上铺有油纸，将**4**的面糊分成8等份（每张纸上约150g），均匀摊薄，和纸上的圆圈重合[上火210℃/下火150℃：8～10分钟、双层烤盘]。

6 放凉后撕下油纸，放在烤网上放凉。

制作巧克力打发淡奶油

7 制作黄油奶油酱，倒入融化的调温巧克力（甜），搅拌均匀（巧克力黄油奶油酱/P112）。

组合

8 **1**的甜酥派皮抹上杏酱，放上1片**6**的蛋糕，放入慕斯圈，放上100g的**7**的奶油酱，摊薄摊平。再放上1片**6**的蛋糕，放上等量**7**的奶油酱。重复这个步骤，组合成8片蛋糕、7层奶油酱的结构。放入冰箱冷藏1小时凝固。

奶油酱剩余约180g，用来装饰。

装饰

9 脱模，抹上巧克力黄油奶油酱，将杏仁糖擀薄，用直径24cm的圆形模具压出圆圈。

＋ 盖上杏仁糖，才能做出漂亮的巧克力淋面。

10 淋上融化的巧克力淋酱，边缘部分贴上巧克力碎。

11 用加热的等分器印上14等分的印痕，侧面也用加热的菜刀印出痕迹。将巧克力黄油奶油酱用星形花嘴（8齿、直径5mm）挤出，放上装饰用巧克力。

4

6

7

9

Mohrenkopfmasse

巧克力头分蛋打发海绵蛋糕

在蛋糕面糊中最轻盈的一种。其中一半面粉用澄粉代替，尽量抑制面筋的形成。制作时也要控制面糊的黏稠度。

材料（基础分量）		
Eigelb	蛋黄	150g
Weizenmehl	低筋面粉	100g
Wasser	水	50g
Eiwei	蛋白	350g
Salz	盐	2g
Zucker	砂糖	230g
Weizenpuder	澄粉	100g

制作方法

1 蛋黄内放入水和面粉，用制作糕点的专用搅拌机搅拌到面粉没有黏性。

+ 首先形成面筋，变得黏稠，然后搅拌到没有黏性。

2 将蛋白打散，搅拌到没有黏性，放盐。边一点点放入澄粉和砂糖边打发，做成柔软的蛋白霜（有小角立起，尖角弯曲）。

3 蛋白霜内放入**1**，用橡皮刮刀搅拌均匀。

Mohrenköpfe/Mokkabohnen
巧克力头/咖啡蚕豆

Mohrenköpfe / Mokkabohnen
巧克力头/咖啡蚕豆

轻盈的海绵蛋糕内夹上奶油酱或者果酱，用翻糖或者巧克力装饰的糕点。特别在四旬节前的狂欢节经常食用。将两个半球合成球形的巧克力头最为常见，还有做成蚕豆、桃、马铃薯或星星等。

材料（直径6.5cm的巧克力头和7cm的咖啡蚕豆，各18个）	
Mohrenkopfmasse	**巧克力头用分蛋打发海绵蛋糕**
Füllung	**馅料**
Vanillekrem	⎡ 卡仕达奶油酱（p110-A）　355g
Butterkrem	黄油奶油酱（p112-A）　710g
Kaffepulver	速溶咖啡粉　7.5g
Kirschwasser	利口酒　30g
Rum	朗姆酒　30g
Kirschkompott	⎣ 酸樱桃果泥（p116）　360g
Dekoration	**装饰**
Aprikosenmarmelade	⎡ 杏酱（p116）　适量
Fondan	⎡ 翻糖*　600g
Kakaomasse	可可液块*　130g
Wasser	水　40g
Läuterzucker	⎣ 糖浆*　110g
Fondantt	⎡ 翻糖*　900g
Kaffeepulver	速溶咖啡粉　20g
dunkle Kuvertüre	调温巧克力（甜）　20g
Butterkrem	黄油奶油酱　50g
Kaffeebohnen aus Schokolade	咖啡巧克力豆　18个
Pistazien	⎣ 开心果　4.5个

Mohrenk pfe:Moherenkopf的复数。

制作方法

o 巧克力头模具内*抹上一层黄油，撒上高筋面粉（分量以外）。
o 速溶咖啡粉用等量的水融化。

挤出面糊、烘烤

1 裱花袋装上直径18mm的圆口花嘴，装入蛋糕面糊，在模具里挤入36个A。剩余面糊用油纸挤出36个蚕豆形状B。各自放入烤箱烘烤[上火180℃/下火150℃/开风档:约25分钟]。

2 烘烤完毕后，立刻脱模，撕下油纸，放在烤网上放凉。

制作馅料

3 卡仕达奶油酱和黄油奶油酱用打蛋器搅拌到顺滑。取540g巧克力头面糊，倒入利口酒。剩余525g的奶油酱，倒入等量的水（7.5g）融化的速溶咖啡粉和朗姆酒。

装饰

4 一半的半球中，用星形花嘴（8齿、11mm）挤出利口酒奶油酱，挤成一个圆圈（每个挤30g),中间用勺子放入酸樱桃果泥（每个20g）。一半的蚕豆中，用星形花嘴（8齿、11mm)挤出咖啡奶油酱（每个30g）。

5 各自形状的一半抹上煮好的杏酱，晾干。

6 5的半球淋上巧克力杏仁糖（杏仁糖内放入可可液块，用水和糖浆调整硬度A），放在烤网上晾干B。用圆锥形裱花袋将巧克力（调温巧克力内放入7～8g水，使其乳化）挤成螺旋状，将开心果切成4等份装饰。放在挤入朗姆酒奶油酱的蛋糕上（巧克力头）。

7 蚕豆淋上咖啡杏仁糖（杏仁糖内放入等量水（20g)融化的咖啡，来调整硬度），放在烤网上晾干。挤出巧克力装饰，挤上黄油奶油酱，放上咖啡巧克力豆装饰。放在挤有摩卡味道奶油酱的4的上面（咖啡味道蚕豆）。

* 圆顶形凸起并排。蛋糕内填入奶油酱，变得凹凸不平。

1- A

1 - B

4

6 - A

6 - B

Kapsel für Roulade

蛋糕卷面糊

放入翻糖的分蛋打发海绵蛋糕，放入融化的黄油。蛋糕卷要烤得很薄且便于弯曲。Kapsel指的是蛋糕薄片。

材料（60cm×40cm的烤盘，1个）

Eigelb	蛋黄	100g
Marzipanrohmasse	杏仁糖*	30g
Zucker	砂糖	40g
Zitronenabgeriebenes	柠檬皮屑	1g
Eiwei	蛋白	150g
Zucker	砂糖	80g
Salz	盐	2g
Weizenmehl	低筋面粉	60g
Weizenpuder	澄粉*	60g
geschmolzene Butter	融化黄油	40g

○ 澄粉和低筋面粉一起过筛混合。
○ 烤盘在四边和对角线抹上猪油（分量以外），铺上油纸。

制作方法

1 杏仁糖内放入少量蛋黄，用木铲搅拌到柔软。放入剩余的蛋黄、砂糖和柠檬皮屑，用制作糕点的专用搅拌机打发到颜色发白、混入空气。

2 蛋白、砂糖和盐制作硬挺的蛋白霜（有小角立起），放入**1**内，用橡皮刮刀搅拌均匀。

3 **2**内放入粉类，搅拌均匀。放入融化黄油（约60℃），尽量快速搅拌。

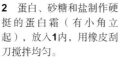

4 将面糊放在准备好的烤盘上，用抹刀快速均匀摊薄烘烤[上火210℃/下火150℃:约10分钟]。放在烤网上，放凉后撕下油纸。

Schokoladen Kapsel für Roulade

巧克力蛋糕卷面糊

放入可可泥的分蛋打发海绵蛋糕面糊，不管全蛋打发还是分蛋打发，都是放入油脂，完全烤熟。另外，较薄的面糊高温短时间不会干燥。

材料（60cm×40cm的烤盘，1个）

Ei	蛋液	300g
Zucker	砂糖	150g
Kakaopulver	可可粉	30g
Läuterzucker	糖浆*	60g
Weizenmehl	低筋面粉	120g
geschmolzene Butter	融化黄油	40g

○ 和上面一样，烘烤前准备好烤盘。
○ 可可粉和糖浆混合，制作可可泥。

制作方法

1 蛋液内放入砂糖，用制作糕点的专用搅拌机打发到颜色发白。

2 **1**内放入可可泥，搅拌均匀。

3 放入低筋面粉，用橡皮刮刀从底部翻拌均匀。

4 放入融化的黄油（约60℃），尽量快速搅拌。将面糊倒入准备好的烤盘内摊平[上火210℃/下火150℃:约9分钟]。放在烤网上，放凉后撕下油纸。

Zitronenroulade

柠檬蛋糕卷

蛋糕卷面糊使用分蛋打发的海绵蛋糕面糊，放入翻糖和黄油，更加美味。奶油酱，由柠檬汁、鸡蛋、砂糖和黄油混合煮好，搭配蛋白霜，凸显柠檬的酸味，中和了蛋糕的味道。

	材料（直径10cm×56cm，1个（切12块）	制作方法

材料（直径10cm×56cm，1个（切12块）

Kapsel für Roulade	蛋糕卷　60cm×40cm 1个
Zitronenkrem	**柠檬奶油酱**
Zitronensaft	┌ 柠檬汁　160g
Zucker	│ 砂糖　145g
Ei	│ 蛋液　120g
Eigelb	│ 蛋黄　30g
Butter	│ 黄油　160g
Blatt Gelatine	│ 吉利丁片　8g
Eiwei	│ 蛋白　95g
Zucker	└ 砂糖　55g
Dekoration	**装饰**
Butterkrem	┌ 黄油奶油酱（P112-A）　200g
gehobelte Pistazien	│ 开心果片　12片
Staubzucker	└ 糖粉　适量

制作方法

制作柠檬奶油酱

1 黄油切成约2cm小块。

2 蛋液、蛋黄、砂糖和柠檬汁均匀混合A，倒入锅内，放入黄油加热，边用打蛋器搅拌边加热到沸腾B。

3 蛋白和砂糖打发成硬挺的蛋白霜（有小角立起）。

4 2沸腾后离火，放入泡软的吉利丁片，搅拌融化，过滤。放入约1/4蛋白霜搅拌均匀，放入剩余的蛋白霜，轻轻搅匀。

涂抹奶油酱、卷起

5 将蛋糕放在纸上。将4的奶油酱趁热放在烤盘上，烘烤的一面朝上，用抹刀均匀抹平。放凉的话，蛋糕很难卷起。

+ 根据季节快速冷冻约30分钟。如果奶油酱硬度足够，无需冷冻。

6 使用纸张将蛋糕慢慢向前移动卷起。首先，将蛋糕的一端按压几次翻折，以此为内芯卷起A，连纸一起卷起，将纸略微倾斜B。直接用纸包好压紧C。边缘用胶带粘住，放凉。

+ 用纸包裹，边用尺子压住上面纸的边缘，边将下面的纸向前拉起压紧。

装饰

7 切成4.5cm宽的小块，用直径9mm的圆口花嘴将黄油奶油酱挤出。撒上糖粉，装饰上开心果。

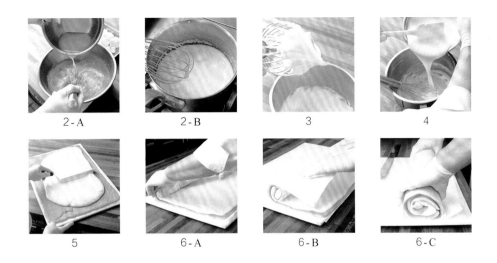

2-A	2-B	3	4

5	6-A	6-B	6-C

Zitronenroulade
柠檬蛋糕卷 P71

Schokoladenroulade
巧克力蛋糕卷 P73

Schokoladenroulade

巧克力蛋糕卷

巧克力海绵蛋糕抹上巧克力黄油奶油酱后卷起做成的蛋糕卷,抹上覆盆子果酱或者糖浆更能凸显巧克力的味道。

材料 [直径7cm×56cm, 1个 (切12块)]		
Schokoladen Kapsel für Roulade	巧克力蛋糕 60cm×40cm	1个
Schokoladenbutterkrem	**巧克力黄油奶油酱**	
Butterkrem	┌ 黄油奶油酱(P112−A)	500g
dunkle Kuvertüre	│ 调温巧克力(甜)	150g
Rum	└ 朗姆酒	40g
zum Tränken	**酒糖液***	92g
Läuterzucker	┌ 糖浆*	100g
Kirschwasser	└ 利口酒	50g
Füllung	**馅料**	
Kirschkompott	┌ 酸樱桃果泥(P116)	250g
Himbeermarmelade	└ 覆盆子果酱(P116)	150g
Dekoration	**装饰**	
kandierte Kirsche	┌ 脱水樱桃(对半切)	12个
gehobelte Pistazien	└ 开心果片	12片

制作方法

卷起果酱、黄油奶油酱、酸樱桃果泥

1 将巧克力蛋糕烘烤一面朝上,用刷子刷上酒糖液(利口酒和糖浆混合)A,然后用抹刀薄薄抹一层覆盆子果酱B。

2 取300g巧克力黄油奶油酱(做法在P112,最后倒入朗姆酒),均匀抹在蛋糕上A,一端用勺子划出沟B。裱花袋装上直径15mm的裱花嘴,装入酸樱桃果泥,挤出C。

3 以果酱作为内芯,和制作柠檬蛋糕卷一样卷起A、B、C。

4 表面抹上剩余的奶油酱A,用剪成带状的胶带抹平B,放入冰箱冷藏凝固。

＋ 根据季节,冷却约30分钟。

装饰

5 切成4.5cm宽,将奶油酱用直径9mm的圆口花嘴挤出。再用直径15mm的花嘴挤出,放上脱水樱桃,用星形花嘴(8齿、直径5mm)在樱桃周边挤一圈,装饰上开心果。

1-A   1-B   2-A   2-B   2-C

3-A   3-B   3-C   4-A   4-B

Baiserfruchtschnitten
蛋白霜水果蛋糕

蛋糕放上大量的水果果酱，加上香甜的蛋白霜。除了酸樱桃、醋栗、山莓等酸味略强的水果都可以。"Baiser"在法语中是吻的意思，在德国指杏仁糖蛋白霜。这款糕点含有大量的杏仁糖蛋白霜。

	材料（8cm×40cm，1个）
Mürbeteig	甜酥派皮（P14）　300g
Himbeermarmelade	覆盆子果酱（P116）　50g
Kapsel für Roulade	蛋糕卷（P70）9cm×40cm　1个
Vanillekrem	卡仕达奶油酱（P110-A）　50g
Kirschkompott	酸樱桃果泥（P116）　425g
zum Tränken	酒糖液*
Kirschwasser	┌ 利口酒　15g
Läuterzucker	└ 糖浆*　30g
Baisermasse	蛋白霜
Eiwei	┌ 蛋白　150g
Zucker	│ 砂糖　50g
Zucker	│ 砂糖　150g
Wasser	│ 水　50g
Staubzucker	└ 糖粉　100g
Dekoration	装饰
gehobelte Mandeln	┌ 杏仁片　适量
Staubzucker	└ 糖粉　适量

制作方法

○ 烤盘铺上油纸。

制作甜酥派皮、蛋糕卷

1 将甜酥派皮擀至3mm厚，切成9cm×40cm（P16）。

2 制作9cm×40cm的蛋糕卷。

组合

3 1的甜酥派皮抹上覆盆子果酱，放上2的蛋糕卷。用刷子刷上酒糖液（利口酒和糖浆混合）。

4 放上回温的卡仕达奶油酱，用抹刀抹平，将酸樱桃果泥挤成山形。

制作蛋白霜

5 蛋白内放入50g砂糖，用制作糕点的专用搅拌机中速打发。

6 锅内放入水和150g砂糖，煮到约120℃，边一点点放入5中边打发。高速打发到坚硬的蛋白霜。

7 放入糖粉，慢慢搅拌均匀。

装饰

8 将蛋白霜用星形花嘴（8齿、直径11mm）挤出，覆盖住酸樱桃果泥A，用抹刀平整表面B。印出4cm宽的痕迹（10块）。

9 然后在侧面、上面挤入足量的蛋白霜，撒上杏仁片A，撒上糖粉B，烤箱上火250℃烤到表面呈焦黄色。

3　　　　4　　　　6　　　　7

8-A　　　　8-B　　　　9-A　　　　9-B

DIE WIENER SÜßSPEISEN

维也纳糕点篇

历史和特点

如今，维也纳是欧洲中部奥地利的首都。但追溯历史，一直到第一次世界大战的650年间，这里都是奥地利帝国的首都，毫不夸张的说，这是一个可以左右欧洲历史的地方。维也纳糕点就是从作为统治者的哈布斯堡家族的宫廷文化孕育出来的。

维也纳从中世纪以来就是多瑙河的重要贸易中心。13世纪由哈布斯堡家族统治，15世纪哈布斯堡家族世袭神圣罗马帝国皇帝，维也纳成为首都。在哈布斯堡家族的鼎盛时期，西起西班牙，东至德国、匈牙利（还有巴尔干半岛南部），除了英法两国和罗马教皇领地之外，几乎整个欧洲都归属管辖，也被成为"日不落帝国"。欧洲等国便很自然地将砂糖、可可等世界各地的特产运往维也纳，并且跟随各国贵族前来的私人厨师和糕点师也将各地的传统糕点带到维也纳。于是，维也纳融会贯通，于19世纪末形成了欣欣向荣的维也纳糕点文化。帝国末期建立了奥匈帝国，与匈牙利息息相关，在被大众熟知的维也纳糕点中，也有由多柏思蛋糕衍化而来的糕点。

另外，就地理位置而言，维也纳位于通往东方伊斯兰文化圈的入口，饱受奥斯曼帝国的侵扰。发源于维也纳的面包或者糕点有月牙的形状，据说与奥斯曼帝国的国旗有关。另外，维也纳的代表性糕点之一——斯蒂芬妮蛋糕就是发源于土耳其，经匈牙利传到了维也纳。据说，与糕点密不可分的咖啡也是奥斯曼帝国的军队留下的特产。

1863年，第二次包围维也纳之际，作为特使的科尔茨基，其功绩之一就是带回了日耳曼军队留下的咖啡豆，在维也纳开了第一家咖啡馆。之后，咖啡在维也纳越来越普及，渐渐融入百姓生活中。如今，很多咖啡糕点店延续了维也纳人的传统，其中一家被授予皇家王室御用的老店铺"kaiserlich.und.königlich"，至今仍提供由哈布斯堡家族宫廷流传出来的维也纳糕点。

传统的糕点有限制使用的食材，组合时使用蛋糕的片数和表面的装饰也有严格要求，许多维也纳咖啡糕点店到现在仍然遵循这些传统。同时，大部分糕点店都推出了独家创新的糕点，也有像海纳巧克力奶油蛋糕这种以店名命名的糕点。各种美味的糕点百花齐放，受大众欢迎。

虽然维也纳糕点中也有层次结构复杂的糕点，但大部分还是使用一种蛋糕和奶油酱组合装饰，非常简单。但是，味道却非常惊艳，不愧是历史悠久的宫廷糕点文化流传下来的糕点。糕点的形状和德国糕点差不多，以圆形、四方形为主，圆形蛋糕大多组合层次较多，很有冲击力。

在本书中，和传统的维也纳糕点相比，将创新的糕点按形状分类，依次介绍蛋糕、切块蛋糕、烘烤糕点、饼干和小糕点。哈布斯堡家族时期维也纳糕点最大的特点就是Warm Mehlspeise（加热，使用面粉做成的食物）。

在咖啡糕点店中大多供应简餐，以"甜腻饱腹的食物"为主。点心时间时，也会作为餐后甜点提供。其中包含薄酥卷饼、面饺、舒芙蕾、面包蛋糕类，还有发酵面团等糕点。罂粟籽面饺是面饺的一种，我在20年前的维也纳大众食堂吃晚餐时点过这道甜点。吃过几种香肠后，端上来这份面饺，感觉是2~3人份，像山一样分量十足的甜点，体现了维也纳人对食物的喜爱。这样的糕点在家里也能制作，非常亲民。通过这本书，希望能让大家不论身在何处，也能近距离地感受到维也纳糕点的美妙。

大庭浩男

Sachertorte
萨赫巧克力蛋糕

1814年，奉梅特涅（奥地利外相，后任宰相）之命，厨师法兰兹·萨赫创作的一道甜点。巧克力分蛋打发黄油蛋糕搭配酸甜的杏酱，表面淋上萨赫巧克力淋酱。看似简单，其实味道浓郁，是维也纳非常有代表性的一款糕点。关键在于让糖浆再结晶化制作糖衣。

	材料（直径21cm的蛋糕模，2个）
Sachermasse	**巧克力黄油蛋糕**
Butter	┌ 黄油　180g
Kuvertüre	│ 调温巧克力（甜/可可脂含量60%）　180g
Zucker	│ 砂糖　150g
Vanilleessenz	│ 香草精　适量
Zitronenabgeriebenes	│ 柠檬皮屑　2g
Dotter	│ 蛋黄　175g
Eiweiß	│ 蛋白　300g
Zucker	│ 砂糖　175g
Salz	│ 盐　1g
Mehl	└ 高筋面粉（或者法国面包粉）　220g
Marillenmarmelade	杏酱（P116）　500g
Sacherglasur	**萨赫巧克力淋酱**（1个蛋糕的量）
Wasser	┌ 水　125g
Zucker	│ 砂糖　250g
Kuvertüre	│ 调温巧克力（甜/可可脂含量60%）　300g
Schlagobers	└ 打发淡奶油　约500g

＊开口的圆形模具。Konisch:圆锥形。

制作方法

○ 模具抹上一层融化黄油（分量以外），放入冰箱冷藏凝固，撒粉。底部铺上油纸。

○ 分量以内的黄油回温到20℃～23℃。

制作巧克力黄油蛋糕

1 变软的黄油内倒入融化的调温巧克力（约30℃）。

2 放入150g砂糖、香草精和柠檬皮，用制作糕点的专用搅拌机搅拌。然后分两次放入蛋黄，搅拌均匀。

3 蛋白内一次放入175g砂糖，放盐打发，打发成硬挺的蛋白霜，倒入**2**内。

4 放入高筋面粉，搅拌均匀。

填馅、烘烤

5 将巧克力黄油蛋糕倒入模具中（1个650g），烘烤。[上火180℃/下火160℃:约50分钟]

＋ 用刮板沿着边缘稍微倾斜抹匀，让中间略微凹陷。

6 烘烤完毕后A，脱模放在烤网上放凉。撕下油纸，横向对半切，中间抹上杏酱（100g/个）B，叠加。淋上杏酱（150g/个）C，用抹刀抹平。

＋ 夹在蛋糕中间的果酱可放入果皮直接使用。过滤后表面使用（炖煮方法参考P116）。

淋上萨赫巧克力淋酱，装饰

7 锅内放入水和砂糖，炖煮做成糖浆。放入切碎的调温巧克力，煮到108℃。

8 离火，边搅拌边放凉。趁开始凝固时淋在蛋糕上，用抹刀快速擀平盖在表面。

＋ 砂糖再结晶化后凝固。首先在锅边开始结晶，然后至中间。表面开始褶皱时就是结晶化的表现。

Variante创新
Sacherwürfel
萨赫立方蛋糕

用图片后方的四方形模具烘烤，切成小正方形，也叫做正方蛋糕。

2

3

5

6-A

6-B

6-C

8

分切，搭配打发淡奶油（无糖）就可以上桌了。

Dobostorte

焦糖巧克力黄油奶油蛋糕

发源于19世纪末匈牙利的蛋糕，Dobos是发明这道甜点的匈牙利糕点手艺人。5片摊薄烘烤的全蛋打发蛋糕和4层奶油酱组合而成，再放上1片淋上焦糖的蛋糕片，这是最经典的组合。

	材料（直径21cm的圆慕斯模，2个）
Dobosmasse	**全蛋打发海绵蛋糕**
Ei	┌ 蛋液　260g
Dotter	蛋黄　190g
Zucker	砂糖　165g
Salz	盐　1g
Vanilleessenz	香草精　适量
Zitronenabgeriebenes	柠檬皮屑　2g
Mehl	高筋面粉（或者法国面包粉）　165g
Öl	└ 色拉油　30g
Schokoladenbutterkrem	**巧克力黄油奶油酱**
Butterkrem	┌ 黄油奶油酱（P112-B）　1200g
Kuvertüre	调温巧克力（甜/可可脂含量60%）　120g
Rum	└ 朗姆酒　35g
Glasur	**糖衣**
Zucker	砂糖　400g
Biskuitbrösel	蛋糕末　适量

制作方法

制作海绵蛋糕烘烤

1 蛋液、蛋黄、砂糖、盐、香草精和柠檬皮搅拌均匀，隔水加热到人体温度（36℃）。用制作糕点的专用搅拌机强力搅拌（比重0.2：1000ml的量杯内放入20g）。

2 放入高筋面粉（比重0.28）。

3 放入色拉油（比重0.34）。

+ 色拉油的流动性比黄油高，搅拌时难以消泡，烘烤出的蛋糕更蓬松。

4 直径21cm、厚5cm的模具铺上油纸，倒入面糊A、B，烘烤（约12块）。[上火200℃/下火180℃:约9分钟]

5 放在烤网上放凉。

制作巧克力黄油奶油酱

6 散热后黄油奶油酱内放入融化的调温巧克力（约30℃），搅拌均匀。倒入朗姆酒，用制作糕点的专用搅拌机搅拌。

组合

7 1个蛋糕使用5片**5**的蛋糕，每层抹上100g的**6**的巧克力黄油奶油酱。将第5片蛋糕烘烤一面朝下。

8 组合后蛋糕淋上巧克力黄油奶油酱（参考右页奶油的抹法），边缘贴上蛋糕末。上面使用等分器（使用方法P89）印出14等分的印痕，挤出奶油（奶油200g/个）。

制作焦糖蛋糕片、装饰

9 锅内倒入制作糖衣的砂糖融化，加热到上色，制作焦糖。

10 **5**的蛋糕切成直径20cm，淋上**9**抹平A。用等分器印出痕迹，用抹油（分量以外）的牛刀（日本牛刀）切成14等份B。放在**8**上，摆成风车形状。

4 - A　　　4 - B

7　　　8　　　10 - A　　　10 - B

+奶油的抹法

和蛋糕的奶油抹法相同，以海绵蛋糕的8为例来说明。首先涂抹侧面A，然后涂抹上面B。抹平侧面C，用刮板画出纹路D。上面将多余的奶油抹平E。

| A | B | C | D | E |

Malakofftorte

手指饼干轻奶酪蛋糕

马拉科夫是克里米亚战争激战地的要塞（监视塔）。基础分蛋打发海绵蛋糕搭配轻奶酪，表面抹上淡奶油。装饰的开心果是象征战争的炮台，也有模仿炮弹的说法。

材料（直径21cm的圆慕斯模，2个）

Biskottenmasse	**分蛋打发海绵蛋糕**
Dotter	蛋黄　80g
Eiweiß	蛋白　120g
Zucker	砂糖　80g
Mehl	低筋面粉　90g
Vanilleessenz	香草精　适量
Salz	盐　1g
Staubzucker	糖粉　适量
Wienermasse	**全蛋打发海绵蛋糕**
Ei	蛋液　200g
Zucker	砂糖　120g
Mehl	低筋面粉　120g
zerlassene Butter	融化黄油　40g
Diplomatenkrem	**卡仕达奶油**
Vanillekrem	**卡仕达酱　700g**
Rum	朗姆酒　70g
Blatt Gelatine	吉利丁片　12g
Obers	淡奶油　600g
Zucker	砂糖　60g
zum Tränken	**酒糖液***
Rum, Zucker	朗姆酒、砂糖　各45g
Milch	牛奶　90g
Dekoration	**装饰**
Schlagobers mit Zucker	打发淡奶油（放糖10%）　500g
geröstete, gahackte Haselnüsse	烤过榛子仁切碎　10g
Kuvertüre	调温巧克力（苦甜/可可脂60%）　适量
gehackte Pistazen	开心果切碎　2g

制作方法

制作分蛋打发海绵蛋糕、烘烤

1　蛋黄内放入30g砂糖和香草精，搅拌到颜色发白。

2　蛋白内放入剩余砂糖和盐打发，做成有小角立起的蛋白霜。

3　**2**内放入**1**搅拌均匀，放入低筋面粉继续搅拌。

4　将**3**的蛋糕面糊挤成直径2cm的圆形（装饰用:14g/个）。剩余的面糊用直径13mm的圆口花嘴挤成长5cm，撒上两遍糖粉，烘烤[上火180℃/下火150℃:约13分钟]。放在烤网上散热。

制作全蛋打发海绵蛋糕烘烤

5　根据材料表中的分量制作面糊（P55），用直径21cm、高5cm的圆慕斯圈烘烤[上火180℃/下火150℃:约30分钟]。

6　放凉后削掉上面上色的部分，切成1cm厚的蛋糕片，每个蛋糕准备1片。

制作卡仕达奶油

7　制作卡仕达奶油，放凉后倒入朗姆酒，搅拌到顺滑。取部分奶油酱和泡软的吉利丁片混合，隔水加热融化。融化后倒入原来的面糊内，搅拌均匀。

8　淡奶油内放入砂糖，打发到有小角立起的硬挺的奶油酱。倒入**6**内，搅拌到顺滑。

组合、放凉

9　牛奶内放入砂糖和朗姆酒，搅拌均匀。

10　将全蛋打发海绵蛋糕放入直径21cm、厚5cm的慕斯圈内，上面放入卡仕达奶油（230g）抹平。将长5cm的手指饼干的烘烤一面朝下，嵌入奶油酱中，用刷子刷上一层**8**。再放入一层奶油酱（230g）抹平A，嵌入手指饼干B。一直放满模具，最后一层盖上奶油酱（200g/个）C，放入冰箱冷藏凝固。

装饰

11　脱模，表面放入砂糖，抹上打发淡奶油（140g/个）。侧面用刮刀装饰，上面挤上打发淡奶油（约80g/个），装饰上圆手指饼干。

+　圆手指饼干的一半淋上调温后*的巧克力，静置凝固。

12　装饰上手指饼干，边缘贴上烘烤的榛子仁碎。

| 4 | 8 | 10 -A | 10 -B | 10 -C |

Esterhàzytorte
核桃蛋白霜香草奶油蛋糕

18世纪，奥地利哈布斯堡家族统治下的匈牙利名门贵族艾斯特哈泽亲王和这款蛋糕渊源颇深。使用翻糖将蛋糕表面装饰成羽毛的纹理。本书中用卡仕达奶油酱做成。朗姆酒的味道起到了画龙点睛的作用。

材料（直径21cm，2个）

Esterhàzymasse	核桃蛋白霜蛋糕	6片
Eiwei,Zucker	蛋白、砂糖	各200g
Biskuitbrösel	蛋糕末	150g
fein geriebene Walnüsse	核桃粉（市售品）	125g
Mehl	低筋面粉	60g
zerlassene Butter	融化黄油	50g
Pariserkrem	巧克力奶油酱（p114）	40g
Vanillekrem	卡仕达奶油酱	
Milch	牛奶	720g
Vanilleschote	香草豆荚	1根
Dotter	蛋黄	120g
Zucker	砂糖	180g
Mehl	低筋面粉	40g
Krempulver	卡士达粉	40g
Schlagobers	打发淡奶油	450g
Rum	朗姆酒	30g
Dekoration	装饰	
Marillenmarmelade	杏酱（p116）	100g
Fondant	翻糖*	340g
Schokoladenfondant	巧克力翻糖	适量
	（100g翻糖对应55g可可黄油）	
geröstete, gehobelte Haselnüsse	烤榛子仁片	100g

制作方法

○ 蛋糕末、核桃和低筋面粉一起用笊篱过筛。

烘烤核桃蛋白霜蛋糕，制作海绵蛋糕

1 蛋白内放入砂糖，打发成小角直立、硬挺的蛋白霜。

2 蛋糕末、核桃粉和低筋面粉均匀混合A、B。最后放入融化的黄油。

3 直径21cm、厚4cm的模具内铺上一层油纸，倒入面糊抹平烘烤（1次制作6片。材料表中的分量可以制作2次，准备12片）。[上火200℃/下火160℃:约17分钟]

4 放在烤网上散热。

制作奶油酱、组合

5 根据材料表中的分量制作卡仕达奶油酱（P110-B），放凉后倒入朗姆酒，搅拌到顺滑。放入打发淡奶油，搅拌均匀。

6 4的蛋白霜蛋糕上薄薄抹一层巧克力奶油酱（甘纳许2，20g），然后放上120g的5的奶油酱抹平。上面放上4片蛋白霜蛋糕和5的奶油酱，4层交叉叠加（每层120g奶油酱）。第6片蛋糕片烘烤一面朝下。

7 侧面薄薄抹上5的奶油酱（约100g/个）。

8 上面抹上用滤网过滤的杏酱（炖煮方法参考P116，约50g/个）。侧面抹上奶油酱。

装饰

9 果酱干燥后，上面淋上翻糖。

10 使用圆锥形裱花袋，将巧克力杏仁糖（P69）挤出平行线A（10g/个）。菜刀刀背与巧克力线垂直划过B。然后反方向划过C，做成羽毛纹路。

11 侧面裹上烤榛子片。

1   2 - A

2 - B   7

2 - B   7   10 - A   10 - B   10 - C

Heiner-Haustorte

海纳巧克力奶油蛋糕

1840年创办的k.u.k. Hofzuckerbäckere(皇家王室御用糕点屋)海纳糕点店的巧克力奶油蛋糕(招牌糕点)。味道浓郁的牛奶巧克力奶油酱搭配3种面糊,做出一款新颖的维也纳糕点。

	材料(直径21cm, 3个)
Esterhàzymasse	蛋白霜蛋糕(P84,一半的用量)
Dobosmasse	分蛋打发蛋糕面糊
	基础
Ei	全蛋　260g
Dotter	蛋黄　190g
Zucker	砂糖　165g
Salz	盐　1g
Vanilleessenz	香草精　0.5g
Zitronenabgeriebenes	柠檬皮屑　2g
Mehl	**白面糊**(基础为160g)
Öl	高筋面粉(或者法国面包粉)　45g
	色拉油　8g
	黑面糊(基础为455g)
Mehl	高筋面粉(或者法国面包粉)　115g
Kakaopulver	可可粉　18g
geröstete,geriebene Haselnüsse	烤榛子仁切末　36g
Öl	色拉油　22g
Haustortekrem	顺滑的打发巧克力淡奶油
Obers	淡奶油　1730g
Butter	黄油　290g
Zucker	砂糖　100g
Dotter	蛋黄　50g
Zucker	砂糖　45g
Milchkuvertüre	调温巧克力(牛奶)　500g
Vanilleessenz	香草精　10g
Marillenmarmelade	杏酱(P116)　150g
zum Tränken	酒糖液
Sirup	糖浆(1:1)　150g
Marillenmarmelade	杏酱　75g
Marillensaft	杏汁　75g
Marillenlikör	杏利口酒　75g
Dekoration	装饰
gehackte Schokolade	切碎巧克力　75g
	(调温巧克力/可可脂含量60%)
Kakaopulver	可可粉　7g
Schokoladenornament	巧克力奖章　42块

制作方法

○ 黑面糊的可可粉和高筋面粉一起过筛混合。

1 制作蛋白霜蛋糕,用直径21cm、厚5cm的模具烘烤3片。

以分蛋打发蛋糕面糊为基础,制作双色蛋糕烘烤

2 将分蛋打发蛋糕制作到P80的步骤**1**位置。

3 烘烤白面糊。取160g的**2**的基础面糊,依次放入高筋面粉和色拉油搅拌均匀,用直径21cm、厚5cm的模具烘烤3片。

4 烘烤黑面糊。取455g的**2**的基础面糊,依次放入高筋面粉和色拉油搅拌均匀,放入榛子碎和色拉油,和**3**一样烘烤9片(3片/个)。

制作巧克力打发淡奶油,静置1晚

5 淡奶油、黄油和100g砂糖搅拌均匀,加热。蛋黄内放入45g砂糖,打发到膨胀。

6 放入融化的巧克力,加热到75℃。边搅拌均匀边散热,倒入香草精。表面盖上保鲜膜,碗底放上冰水冷却,散热后放入冰箱冷藏1晚。

7 **6**的巧克力奶油酱打发。趁质地柔软的时候*取出550g,剩余继续打发。

组合、装饰

8 **1**的蛋白霜蛋糕抹上杏酱(含皮直接使用),叠加在**3**的白面糊上。

9 用刷子将酒糖液(糖浆、过滤杏酱、果汁和利口酒搅拌均匀)刷在**8**上,抹上打发巧克力奶油酱(1层160g)。

10 叠加上**4**的黑蛋糕,刷上**9**的杏酒糖液,抹上奶油酱(1层160g),重复2次。

+ 高高堆积后再按压成均匀的厚度,调整高度(高6cm),多余的部分在侧面抹平。

11 表面薄薄抹上一层奶油酱(每个蛋糕80g)。然后将取出的奶油酱(550g/3个)抹在表面和侧面。侧面用刮板刮出纹理,表面用木铲轻轻拍出花纹。

12 边缘裹上巧克力碎,表面撒上可可粉。将奶油酱用星形花嘴(8齿、直径11mm)挤出,装饰上巧克力奖章。

* 打发淡奶油的机器。强制混入空气,所以乳脂含量较低的淡奶油、巧克力等黏稠度高的奶油酱都可以打发。

6

7

9

10

11

Stefanietorte 斯蒂芬妮蛋糕

果仁干燥蛋白霜和牛奶巧克力奶油蛋糕

以哈布斯堡家族的皇太子妃斯蒂芬妮公主命名的糕点，将干燥蛋白打发，搭配巧克力奶油酱做成的蛋糕。蛋糕面糊和奶油酱混合，放入榛子仁，起到画龙点睛的作用。

材料（直径21cm，2个）		
Stefaniemasse	**果仁蛋白霜蛋糕**	
Eiwei	蛋白	300g
Zucker	砂糖	540g
geröstete, gehackte Haselnüsse	烤榛子仁切碎	60g
gehackte Mandeln	杏仁片	60g
Maisstärke	玉米淀粉	75g
Schokoladenoberskrem	**巧克力奶油酱**	
Schlagobers	打发淡奶油	1000g
Kuvertüre	调温巧克力（甜/可可脂含量60%）	200g
geröstete, gehackte Haselnüsse	烤榛子仁切碎	60g
Dekoration	**装饰**	
Schokoladenspäne	巧克力碎	120g
	（调温巧克力/使用可可脂含量60%）	

制作方法

制作果仁蛋白霜蛋糕烘烤

1 蛋白内放入砂糖，隔水加热到60℃。离火，将蛋白霜打发到有小角立起。

2 放入榛子仁、杏仁搅拌均匀。最后撒入玉米淀粉，慢慢搅匀。

3 直径21cm、高8mm的模具铺上油纸，倒入面糊（8片），放入烤箱80℃～100℃烘烤，关闭电源，用余热加热1晚。

+ 烤到中间烤熟、质地松软（用手能轻易撕开）。家庭用烤箱的话，用上述的温度烘烤2～3小时。

用奶油酱装饰

4 制作巧克力打发淡奶油（P113，这里放入了果仁）。融化的调温巧克力内放入榛子仁。

5 淡奶油打发，取部分放入**4**内搅拌均匀，再倒回面糊内均匀混合。

6 将4片蛋糕、3层奶油（1层使用160g）层层叠加，表面抹上淡奶油。

7 表面撒上巧克力薄片。放凉分切。

2

3

3+

4

5

6

Truffeltorte 糖心巧克力蛋糕

甘纳许奶油巧克力蛋糕

以酒心巧克力的"糖心"命名的蛋糕。蛋糕和奶油酱中都有味道浓郁的巧克力，和橙子、利口酒搭配正相宜，真的是一款不可多得的巧克力蛋糕。

材料（直径21cm、高4.5cm的圆慕斯模，2个）

Sachermasse	巧克力黄油蛋糕（p78）	
Pariserkrem	巧克力奶油酱（p114）	
zum Tränken	酒糖液*	
Orangensaft	┌ 橙汁	100g
Kognak	├ 干邑白兰地	20g
TRIPLE SEC	└ 橙子利口酒	35g
Glasur	榛子巧克力酱	
Milch	┌ 牛奶	250g
Kuvertüre	├ 调温巧克力	
	│ （甜/可可脂含量60%）	180g
Milchkuvertüre	├ 调温巧克力（牛奶）	300g
Nugatmasse	└ 榛子泥*	140g
Dekoration	装饰	
Schokoröllchen	┌ 巧克力棒	56根
Staubzucker	└ 糖粉	适量

＊将榛子仁磨碎，放入砂糖和可可油脂揉匀。

制作方法

烘烤巧克力黄油蛋糕，切成3片

1 将蛋糕面糊倒入直径21cm、高4.5cm的圆慕斯模（没有底座）中烘烤，从下切2片1.5cm厚的蛋糕片，1片1cm厚的蛋糕片。

准备奶油酱、组合、装饰

2 取约1/3的巧克力奶油酱隔水加热，放入剩余的淡奶油，打发到顺滑。

3 3片蛋糕和2层巧克力奶油酱组合（厚1cm的蛋糕片在最上面。奶油酱每层220g）。蛋糕用刷子刷上一层酒糖液（橙汁、榛子泥和利口酒均匀混合）A，浸湿后抹上奶油酱B。

4 然后将巧克力奶油酱抹在整个蛋糕上（100g/个）。＋约6cm高。

5 制作榛子巧克力酱。将牛奶加热到沸腾，放入2种切碎的调温巧克力，放入榛子泥搅拌均匀。

6 将抹上**4**的奶油酱的蛋糕淋上**5**的巧克力酱（200g/个）A、B。

7 用等分器印出14等分的痕迹A，将巧克力奶油酱用星形花嘴（8齿、直径8mm）挤出B，装饰上巧克力棒，表面撒上糖粉。

3 - A

3 - B

6 - A

6 - B

7 - A

7 - B

Topfenoberstorte mit Orangen

橙子奶酪蛋糕

使用新鲜奶酪做成的轻奶酪蛋糕。这里介绍的是搭配橙子，但在维也纳，海绵蛋糕中只夹着奶酪奶油酱，表面淋上镜面果胶，非常简单朴素。

材料（直径21cm、高5cm圆慕斯模，2个）

Mürbteig	**甜酥派皮*¹**	
Mehl	低筋面粉	150g
Butter	黄油	100g
Dotter	蛋黄	20g
Staubzucker	糖粉	50g
Salz	盐	0.5g
Zitronenabgeriebenes	柠檬皮屑	1g
Orangenmarmelade	橙皮果酱	100g
Wienermasse	**全蛋打发海绵蛋糕**	
Ei	蛋液	200g
Zucker	砂糖	110g
Zitronenabgeriebenes	柠檬皮屑	1g
Vanillezucker	香草糖	8g
Salz	盐	1g
Mehl	低筋面粉	75g
Weizenstärke	澄粉*	60g
zerlassene Butter	融化黄油	55g
Fülle	**馅料**	
Orange	橙子	6个
Zucker	砂糖	32g
Orangensaft	橙汁	100g
Cointreau	君度酒	90g
Topfenkrem	**奶酪奶油酱**	
Topfen	白奶酪*²	500g
Sauerrahm	酸奶油	160g
Staubzucker	糖粉	200g
Vanillezucker	香草糖	12g
Zitronenabgeriebenes	柠檬皮	1个的量
Orangenabgeriebenes	橙子皮	1个的量
Salz	盐	0.5g
Zitronensaft	柠檬汁	70g
Blatt Gelatine	吉利丁片	12g
Schlagobers	打发淡奶油	600g
Schlagobers	打发淡奶油	300g
geröstete, gehobelte Mandeln	烤过杏仁片	适量
Staubzucker	糖粉	适量

*1 甜酥派皮在维也纳也叫做甜酥面团。
*2 使用和白奶酪(P20)一样的新鲜奶酪。

制作方法

制作甜酥派皮、空烤

1 根据材料表中的分量制作甜酥派皮（P14），擀成直径21cm、厚3mm的派皮，叉孔（P12），空烤（P64）。
+ 烘烤期间，用直径21cm的圆模具压出造型，烘烤。

制作全蛋打发海绵蛋糕、切薄片

2 根据材料表中的分量制作（P55），用直径21cm、高5cm的慕斯模具烘烤。[上火180℃/下火150℃:约30分钟]
3 从烘烤的一面开始依次切下8mm、1cm、1cm厚的3片蛋糕片。

准备馅料

4 橙子剥皮，取出果肉，放入砂糖、橙汁（取出果肉榨汁）和君度酒，搅拌均匀后腌渍1晚。

制作奶酪奶油酱

5 白奶酪中放入糖粉、香草糖、柠檬和橙皮（只取带颜色的部分切碎）、盐、柠檬汁，搅拌均匀。
6 奶酪内倒入**5**，搅拌均匀。
7 吉利丁片和部分**6**均匀混合，隔水加热，让吉利丁融化。倒回**6**内，快速搅匀。
8 放入打发淡奶油，搅拌均匀。

组合、装饰

9 甜酥派皮抹上橙皮果酱（50g），放上厚1cm的全蛋打发海绵蛋糕，用刷子将腌渍橙子的汁液（40g)刷在蛋糕上。
10 放入直径21cm、高5cm的慕斯圈中，倒入少量奶酪奶油酱（100g）摊平，将橙子瓣摆成3个圆圈的形状（150g/个）。然后倒入奶酪奶油酱，和模具边缘齐平。
11 盖上厚1cm的全蛋打发海绵蛋糕，抹上橙子的腌渍汁（40g),盖上保鲜膜，放入冰箱冷藏凝固。
12 脱模，蛋糕表面抹上打发淡奶油。边缘裹上杏仁片。
13 根据模具大小，将厚8mm的全蛋打发海绵蛋糕切成直径18cm的蛋糕片，用等分器印出14等分的痕迹。烘烤一面朝上，放在12上，边缘3mm部分撒上糖粉。

Linzertorte

林茨烘烤糕点

出自奥地利的第二大城市、上奥地利州的首府林茨的蛋糕。果仁（核桃）、香料、巧克力蛋糕末混入黄油面糊中烘烤。表面抹上红醋栗果酱，装饰上格子纹路。本书中用林茨面糊做成格子花纹，也可以使用甜酥派皮。

	材料（直径21cm，2个）
Linzermasse	**林茨面糊**
Butter	黄油 300g
Staubzucker	糖粉 260g
Salz	盐 2g
Zitronenabgeriebenes	柠檬皮屑 2g
Ei	蛋液 100g
Dotter	蛋黄 40g
Mehl	低筋面粉 270g
fine Biskuitbrösel (Schokoladenmasse)	细蛋糕末（巧克力海绵蛋糕*1） 300g
fine geriebene Walnüsse	核桃仁切细末 240g
Zimtpulver	肉桂粉 3g
Gewürznelkenpulver	丁香粉 2g
Backpulver	泡打粉 2g
Rum	朗姆酒 60g
Ribiselmarmelade	**红醋栗*2果酱**（p116） 300g
Backoblaten	糯米纸*3 2张
Ei zum Bestreichen	刷面蛋液* 1个鸡蛋的量
gehobelte Mandeln	杏仁片 适量
Staubzucker	糖粉 20g

＊1 P57。另外也叫做萨赫蛋糕糊（P78）。
＊2 英语中叫做Red currant，也叫做红加仑。
＊3 制作糕点用的可食用糯米纸。和威化饼干一样又白又薄的煎饼形状。可以用烹饪中国菜的烹饪糯米纸代替。

制作方法

○ 黄油回温到20℃~23℃。
○ 慕斯圈用纸作为底座（P47）。

制作林茨面糊

1 黄油内放入糖粉、盐和柠檬皮，用制作糕点的专用搅拌机搅拌均匀A。搅拌到颜色发白、体积膨胀后，放入蛋黄继续搅拌B。

2 低筋面粉、蛋糕末、核桃末、肉桂粉、丁香粉和泡打粉均匀混合，用笊篱过筛。

3 1内放入2搅拌均匀。全部搅匀后倒入朗姆酒，搅拌到顺滑。

填馅、烘烤

4 慕斯圈内放入2/3的林茨面糊（520g/个）抹平A，盖上糯米纸B。

5 围边将面糊用直径7mm圆口花嘴挤一圈，中间抹上红醋栗果酱（150g/个）。

6 果酱上面将面团呈格子形状摆好A，围边挤出面糊（挤出面糊260g/个）。挤出面糊表面刷上蛋液B，用叉子按压边缘。

7 表面撒上杏仁片，烘烤。[上火190℃/下火160℃:约45分钟]

8 烤好后仍放在模具中放凉，用刀子脱模。周边撒上糖粉。

1 - A

1 - B

2

3

4 - A

4 - B

5

6 - A

6 - B

7

Kaisergugelhupf
皇帝咕咕霍夫蛋糕

巧克力和核桃混合做成咕咕霍夫蛋糕(kouglof , gougelhof是法语)。地域和糕点店不同，品种也不同。在法国的阿尔萨斯地区用发酵面团制作，在德国、奥地利大多是使用黄油面团的咕咕霍夫。

材料 (直径18cm的咕咕霍夫模具，2个)		
Masse	蛋糕面糊	
Butter	黄油	135g
Margarine	麦淇淋	150g
Zucker	砂糖	270g
Salz	盐	2g
Zitronenabgeriebenes	柠檬皮屑	2g
krempulver	卡士达粉	3g
Ei	蛋液	270g
Mehl	高筋面粉 (或者法国面包粉)	270g
Rum	朗姆酒	15g
gehackte Schokolade	巧克力碎	120g
	(调温巧克力/可可油脂60%)	
gehackte Walnüsse	切块的核桃	120g
Biskuitbrösel	蛋糕末	适量
Butter	黄油	适量
Staubzucker	糖粉	适量

制作方法

o 模具抹上一层软化的黄油 (约20g/个)，裹上蛋糕末，撒落多余蛋糕末A。

o 黄油和麦淇淋回温到20℃~23℃。

o 鸡蛋常温放置。

1 黄油和麦淇淋内放入砂糖、柠檬皮、卡仕达粉、盐，用制作糕点的专用搅拌机搅拌。分几次放入蛋液，继续搅拌。

2 放入高筋面粉，用木铲搅拌，搅拌均匀前倒入朗姆酒。之后放入巧克力和核桃，继续搅拌。

3 模具倒入面糊A (650g/个)，在操作台上轻轻敲打抹平B，烘烤。[上火180℃/下火160℃:约45分钟]

4 脱模放凉，撒上糖粉装饰。

oA   1

2   3 - A

3 - B

Mandel Orangen Torte
杏仁橙子蛋糕

以杏仁糖为基础,轻黄油面糊放入橙皮烘烤。表面也装饰上橙皮,侧面装饰上调温后的牛奶巧克力,是海纳酒店的风格。

材料(直径15cm、高5cm海绵蛋糕模具,2个)

Masse	面糊	
Marzipanrohmasse	杏仁糖*	450g
Staubzucker	糖粉	115g
Ei	蛋液	145g
Dotter	蛋黄	145g
Orangeat	橙皮(切5mm小块)	45g
Orangenabgeriebenes	橙皮屑	1g
Mehl	高筋面粉(或者法国面包粉)	90g
zerlassene Butter	融化黄油	130g
gehobelte Mandeln	杏仁片	20g
Dekoration	**装饰**	
Orangeat	橙皮(切5mm小块)	100g
Wasser	水	50g
Zucker	砂糖	150g
Milchküverture	调温巧克力(牛奶)	400g
Kakaobutter	可可黄油	200g
geröstete, gehobelte Mandeln	烤杏仁片	20g

制作方法

○ 海绵蛋糕模具抹上一层黄油(分量以外),底部和侧面裹上杏仁片。

1 将杏仁糖撕碎,放入糖粉,用制作糕点的专用搅拌机搅拌。

2 边放入蛋液、蛋黄和橙皮,边继续搅拌。
+ 比重0.65(100ml量杯对应65g)

3 取部分**2**,放入45g橙皮搅拌均匀。放入高筋面粉,搅拌到没有生粉(比重0.67)。

4 放入融化的黄油(比重0.72)。

5 倒入模具中烘烤(545g/个)。[上火180℃/下火150℃:约45分钟]

6 烘烤完毕后,脱模放凉。

7 切掉上部,中间放上橙皮(50g/个),水和砂糖煮到120℃做成糖浆,将糖浆淋在橙子表面(结晶化)。

8 调温巧克力内放入黄油融化,从侧面吹到表面上去。

9 上面橙皮周围,撒上烘烤的杏仁片。

2

5 - A

5 - B

7

8

Kardinalschnitten
蛋白霜黄色海绵蛋糕

类似天主教会中仅次于教皇的高位神职人员——红衣主教的蛋糕。蛋白霜和海绵蛋糕交叉叠加烘烤，白色和黄色的搭配象征天主教的颜色。可以说是旗帜的颜色，也可以说是红衣主教衣服的披肩和带子的颜色。作为一种传统的维也纳糕点，夹有杏酱也是流传已久的搭配。

材料（12cm×50cm，2个）

Schaummasse	蛋白霜蛋糕　1个	
Eiweiß	蛋白　360g	
Zucker	砂糖　275g	
Maisstärke	玉米淀粉　27g	
Salz	盐　1g	
Biskuitmasse	海绵蛋糕	
Ei	蛋液　76g	
Dotter	蛋黄　112g	
Zucker	砂糖　110g	
Vanilleessenz	香草精　2g	
Zitronenessenz	柠檬香精　2g	
Mehl	高筋面粉（或者法国面包粉）　110g	
Staubzucker	糖粉　适量	
Marilenmarmelade	杏酱　55g（p116）	

制作方法

制作蛋白霜蛋糕

1　常温下的蛋白内放入砂糖、玉米淀粉和盐打发。根据材料表的分量制作2次。

+ 打发到有小角立起、质地硬挺。

2　用直径18mm的圆口花嘴，挤出3条50cm长的面糊，相互间隔5cm，挤出2个。两端的缝隙也要挤入蛋白霜。每个蛋糕制作2根。

制作全蛋打发海绵蛋糕

3　蛋液、蛋黄内放入砂糖、香草和柠檬香精打发。放入高筋面粉，用橡皮刮刀搅拌均匀。

+ 蛋液的打发状态：提起橡皮刮刀时，面糊缓缓落下，在碗内留下痕迹，又马上消失。

4　将海绵蛋糕糊挤入**2**的蛋白霜之间（2根）。

烘烤、装饰

5　表面撒上糖粉烘烤。[上火190℃/下火160℃:22～23分钟]

6　将烘烤完毕的蛋糕放凉，翻面，在海绵蛋糕（2根）上挤上果酱，再盖上一根海绵蛋糕A。蛋白霜撒上糖粉B。

+ 将海绵蛋糕切成带状，放在纸上。

Variaute　〈奶油酱的2种变化〉

除了挤入基础果酱的蛋糕（右页图片中间）外，还可以使用各种奶油酱。这里介绍2种经典搭配。

Kaffeeoberskrem
咖啡打发淡奶油（p111）

［使用图片左侧的模具］

材料：淡奶油1kg、砂糖80g、速溶咖啡粉15g、吉利丁片9g（做法参考P113咖啡奶油酱、吉利丁黄油奶油酱）

Erdbeeroberskrem
草莓打发淡奶油（p111）

［使用图片右侧的模具］

材料：淡奶油800g、砂糖80g、草莓泥320g、吉利丁片10g（做法参考P113吉利丁黄油奶油酱）

1

2

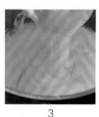

3

4

5

6-A

6-B

Kastanienschnitten

栗子蛋糕

栗子、巧克力、打发淡奶油与萨赫蛋糕、红醋栗搭配。切块蛋糕的切面有着非常漂亮的纹理。

	材料（8cm×30cm，3根）	
Sacherfleck	萨赫*1 蛋糕（40cm×60cm）	1片
Ribiselmarmelade	红醋栗果酱（p116）	125g
zum Tränken	酒糖液*	
Sirup	糖浆（1:1）	45g
Rum	朗姆酒	30g
Pariserkrem	巧克力奶油酱（p114）	300g
Kastanienkrem	栗子奶油酱	
Kastanienpüree	栗子泥（加糖）	1320g
Staubzucker	糖粉	53g
Rum	朗姆酒	60g
Vanillepulver	香草粉*2	1g
Dekoration	装饰	
obers	淡奶油	900g
Staubzucker	糖粉	30g
Kastanienkrem	栗子奶油酱	200g
Rum	朗姆酒	10g
Schokoladenspäne	巧克力碎	50g
	（调温巧克力/可可油脂含量60%）	

*1 萨赫（Fleck）：角、角落。指的是蛋糕片。
*2 将香草连同豆荚一起磨成粉末。

制作方法

制作萨赫蛋糕

1 将萨赫蛋糕面糊（P78）倒入40cm×60cm的烤盘中烘烤。[上火200℃/下火160℃:约20分钟]

制作栗子奶油酱

2 栗子泥中放入香草粉、糖粉和朗姆酒，搅拌均匀。
+ 栗子泥产品不同，糖度也不同，要酌情调整甜度。

组合

3 将萨赫蛋糕切成2片24cm×30cm的长方形蛋糕，切成1cm厚的蛋糕片。

4 将酒糖液（朗姆酒和糖浆均匀混合）用刷子刷在蛋糕上。1片蛋糕抹上红醋栗果酱A，放上另一片蛋糕。

5 调整巧克力奶油酱的硬度，抹上1/3的**4**，分切成3片8cm×30cm的3片。
+ 为了便于操作，蛋糕之间不要间隔，紧紧摆齐。

6 将栗子奶油酱装入直径18mm的圆口花嘴，挤成3根山形的奶油。

7 剩余的巧克力奶油酱装入直径9mm的圆口花嘴，在6的表面挤出蛇的形状A，用铲子抹平B，放入冰箱冷藏凝固。

8 淡奶油放入糖粉打发，在**7**的表面用星形花嘴（8齿、直径11mm）挤出A，两侧的奶油用铲子抹平B。
+ 此时，将3根蛋糕纵向排成一列，更便于操作。

9 表面撒上巧克力碎。栗子奶油酱内倒入朗姆酒，调整硬度，用蒙布朗花嘴在中间挤出A。分切成3cm宽的蛋糕B。

3   4-A   4-B   6   7-A

7-B   8-A   8-B   9-A   9-B

Grillageschifferl
杏仁焦糖小船

使用焦糖杏仁的船形糕点。甜酥派皮和焦糖做成船形,填入咖啡黄油奶油酱,装饰上同样味道的杏仁糖。作为海纳酒店的一道经典小糕点,非常适合搭配咖啡食用,超受食客欢迎。

	材料(10cm×4.5cm的船形,25个)
Mürbteig	甜酥派皮(p16)制作基础分量的2倍
Grillage	焦糖杏仁(约50个)
gehackte weißes Mandeln	⌈ 杏仁碎(不带皮):继续切碎 200g
Zucker	⌊ 砂糖 300g
Kaffeebutterkrem	咖啡黄油奶油酱
Butterkreme	⌈ 黄油奶油酱(p112-B) 600g
Extrakt Kaffee	⌊ 咖啡香精 24g
Mokka Fondant	咖啡杏仁糖(p41) 500g

制作方法

1 制作焦糖杏仁。将砂糖融化,煮成焦糖形状,放入杏仁搅拌均匀。

2 加热的烤盘上铺上油纸,倒入**1**。不断翻折擀薄A,边调整硬度边趁热取出。如果凝结成一团,用擀面棒擀薄至2~3mm。

3 切成长20cm、宽1cm的带状,用10cm×4.5cm的船形模具压出造型,整形。

4 将甜酥派皮擀薄至2mm厚。叉孔,用11cm×5.5cm的船形模具压出造型,放入船形模具压实。放上镇石烘烤。[180℃:20~25分钟]

5 烘烤完毕的面团放上**3**,挤入咖啡黄油奶油酱(P112,约22g/个)。

6 表面挤上咖啡杏仁糖(约30g/个)。

1 　　　　2-A 　　　　2-B 　　　　3 　　　　5

Vanillekipferln
月牙香草饼干

面糊中放入香草,烘烤后再撒上香草糖。香草味道浓郁的饼干。虽然非常常见,但在圣诞期间是必不可少的糕点。特点是形状像月牙。

	材料(长5cm,约40个)
Mehl	低筋面粉 125g
geriebene Mandeln	杏仁粉 65g
Zucker	砂糖 40g
Vanillekerne	香草豆荚 1根
Salz	盐 1g
Butter	黄油 110g
Dotter	蛋黄 20g
Vanillezucker	香草糖 适量

制作方法

1 将香草豆荚剖开,取出香草籽,和砂糖均匀混合。

2 低筋面粉、杏仁粉、**1**和盐用食物料理机搅拌均匀。放入切成1cm小块的黄油,搅拌到蓬松的状态。

3 放入蛋黄,揉成面团。

4 将面团对半分,揉成厚1cm、宽5cm的板状,用保鲜膜包裹,放入冰箱冷藏。

5 整形后,切成宽1cm的面团。用手轻轻揉成八字,两端揉成棒状,弯曲做出月牙形状。

6 摆在烤盘上烘烤。[上火190℃/下火160℃:15~20分钟]

7 烘烤完毕后,立刻撒上香草糖,静置1天。

5 　　　　6

Grillageschifferl
杏仁焦糖小船

Vanillekipferln
香草月牙饼干

Kaiserschmarren
皇帝面包蛋糕

弗兰茨·约瑟夫一世热捧的一款面包蛋糕。也有说本来是献给皇妃茜茜公主的蛋糕。这款磅蛋糕使用了大量的黄油，质地松软，口味非常奢侈，适合搭配果酱食用。

	材料（2~4人份）
Masse	**面糊**
Dotter	蛋黄 60g
Zucker	砂糖 25g
Salz	盐 1.5g
Milch	牛奶 120g
Vanilleessenz	香草精 适量
Mehl	高筋面粉（或者法国面包粉） 100g
Eiwei	蛋白 90g
Zucker	砂糖 50g
Rosienen mit Rum	朗姆酒渍葡萄干 40g
Butter	黄油 80g
Zwetschkenröster	**李子酱**
Pflaume(Zwetschke)	李子（糖渍罐头） 375g
Zucker	砂糖 50g
Zimtrinde	肉桂 1/4根
Gewüznelke	丁香 3个
Staubzucker	糖粉 适量

Schmarren:磅蛋糕。口语中有不值钱的东西的意思。

制作方法

1 蛋黄内放入25g砂糖和盐，打发到颜色发白，放入牛奶和香草精搅拌均匀。放入高筋面粉，搅拌到顺滑，放入葡萄干。

2 蛋白内放入50g砂糖，打发到硬挺、顺滑，倒入**1**内，切拌均匀。

3 平底锅内放入20g黄油，加热融化，倒入一半面糊。小火加热约4分钟，略微上色后，取出倒入盘子。

4 平底锅内再放入20g黄油，加热融化，倒回平底锅内，加热到略微上色。用叉子分成6~8等份，放入盘中。

5 同样煎剩余的一半面糊。开始将煎过的面糊倒入平底锅内，中火加热，将2片面糊叠加，边几次翻面边加热（约2分钟）。

＋特点是拆分烘烤的形状。

6 制作李子酱。锅内放入栗子，放入砂糖、肉桂和糖浆，慢慢加热。倒在**5**上，撒上糖粉。

＋煮到果肉变软、出现香味即可。

3

4

Buchteln

罂粟籽面包（书脊面包）

搭配香草酱汁（卡仕达奶油酱），发酵面团糕点。烘烤完毕后表面的形状就像书脊一样，因此得名书脊面包。没有馅料，简单烘烤做成。

	材料（21cm×21cm×4.5cm模具，2个）
Hefeteig	**面团**
Mehl	高筋面粉（或者法国面包粉） 1kg
Zucker	砂糖 100g
Vanillezucker	香草糖 50g
Salz	盐 10g
Zitronenabgeriebenes	柠檬皮屑 2g
Hefe	新鲜酵母 45g
Milch	牛奶 410g
Dotter	蛋黄 120g
Butter	黄油 200g
Mohnfülle	**馅料**
Milch	牛奶 255g
Zucker	砂糖 75g
Bienenhonig	蜂蜜 45g
Mohn	罂粟籽（P16） 225g
Biskuitbrösel	蛋糕末 150g
Marzipanrohmasse	杏仁糖* 37.5g
Butter	黄油 37.5g
Rum	朗姆酒 22.5g
Dotter	蛋黄 30g
Zimtpulver	肉桂粉 2g
Ei zum Bestreichen	刷面蛋液* 适量
Vanillesoße,Rum	卡仕达奶油酱（P111-B）、朗姆酒 适量

制作方法

制作发酵面团（直接法）

1 从高筋面粉到柠檬皮的材料均匀混合。

2 将牛奶加热到35℃，新鲜酵母和蛋黄均匀混合。倒入**1**内，用制作糕点的专用搅拌机揉匀。

3 将面团揉圆后，放入奶油酱状态的黄油继续揉匀（低速：约10分钟）

4 模具内抹上一层黄油（分量以外），放入面团，在30℃～35℃、湿度70%的发酵箱内发酵膨胀到2倍大（根据面团温度，30～55分钟）。

5 发酵后取35g面团揉圆（约55个）。放入烤箱静置15～20分钟。

制作罂粟籽馅料

6 锅内倒入牛奶、砂糖和蜂蜜，加热到沸腾，放入罂粟籽。盖上锅盖，蒸约10分钟，然后放入蛋糕末搅拌均匀，倒入方盘内，放凉备用。

7 杏仁糖和黄油均匀混合，依次放入朗姆酒、蛋黄和肉桂粉，搅拌均匀，放入**6**继续搅拌。

整形、烘烤、装盘

8 将面团用手掌按压成直径6cm的面皮A。将罂粟籽馅料用直径13mm的圆口花嘴挤入（15g/个），包起来B。

9 将包边处朝下放置，放入抹有黄油的模具中，摆上5行×5列的25个，和**4**一样放入发酵箱发酵约30分钟。

10 表面刷上蛋液烘烤。[上火200℃/下火150℃:15分钟→上火180℃/下火150℃:约35分钟]

11 装盘，撒上糖粉，搭配酱汁。

7

8-A

8-B

9

Salzburgernockerl

萨尔茨堡舒芙蕾蛋糕

奥地利九州之一的萨尔茨堡州的首都萨尔茨堡，从中世纪开始就是盐业贸易繁荣昌盛的城市。舒芙蕾的形状让人联想到产生莫苏里拉奶酪的旧街道以及后面耸立的从城市可以眺望到的阿尔卑斯山脉，味道清新淡雅，非常适合酸甜的山莓酱汁或者浓郁的巧克力酱汁

材料（15cm×25cm烤碗，1个）

Masse	**面糊**	
Eiweiß	蛋白	150g
Zucker	砂糖	50g
Salz	盐	1.5g
Dotter	蛋黄	80g
Vanilleessenz	香草精	适量
Zitronenabgeriebenes	柠檬皮屑	1个的量
Mehl	低筋面粉	20g
Obers	淡奶油	100g
Butter	黄油	20g
Staubzucker	糖粉	适量
Himbeeresoße	**覆盆子酱汁**	
Himbeere	覆盆子（冷冻）	250g
Zucker	砂糖	50g
Himbeerbrand	覆盆子白兰地	25g

制作方法

1 制作覆盆子酱汁。锅内放入覆盆子和砂糖，略煮一会。关火，倒入覆盆子白兰地，放凉。

2 烤碗内放入黄油和淡奶油，放入烤箱融化，保温备用。

3 蛋黄内放入香草精和柠檬皮，搅拌均匀。

4 蛋白内放入砂糖和盐，打发到硬挺顺滑。倒入**3**内快速搅拌，放入低筋面粉继续搅拌。

5 将**4**的面糊倒入**2**的烤碗内，堆成山的形状，用铲子整形表面。[上火200℃/下火150℃:20～25分钟]

6 烘烤完毕后撒上糖粉。装盘，倒上酱汁。

5

Mohn-auflauf
罂粟籽舒芙蕾蛋糕

使用罂粟籽的舒芙蕾蛋糕。指的是舒芙蕾、奶酪烤菜等烘烤料理。面糊中混入面包的特殊口感,罂粟籽略苦的浓香味道,适合搭配红葡萄酒。

材料（容量300ml的烤碗,14个）

Masse	面糊	
Weibrot	白面包	175g
Milch	牛奶	190g
Butter	黄油	250g
Staubzucker	糖粉	70g
Dotter	蛋黄	240g
Zitronenabgeriebenes	柠檬皮屑	0.5g
Orangenabgeriebenes	橙子皮屑	0.5g
Vanillepulver	香草粉(P98*)	0.5g
Eiwei	蛋白	360g
Zucker	砂糖	175g
Salz	盐	1g
Semmlbrösel	面包粉	50g
Mehl	低筋面粉	25g
Mohn gemahlen	罂粟粒(P16*)	250g
für Forme	模具用	
Butter	黄油	45g
Zucker	砂糖	50g
Rotweinsoe	葡萄酒酱汁	
Rotwein	红葡萄酒	500g
Zucker	砂糖	150g
Weizenstärke	澄粉	12.5g
Dotter	蛋黄	40g
Dekoration	装饰	
Schlagobers	打发淡奶油	适量
Minze	薄荷	适量

＊奥地利、德国南部的小白面包。

制作方法

○ 面包粉、罂粟籽和低筋面粉一起过筛。
○ 烤碗抹上黄油放凉,撒上砂糖。

1 将切成5mm小块的面包（太粗的话难以混合）放入牛奶浸泡,按压搅拌。

2 黄油内放入糖粉、柠檬和橙子皮屑、香草粉,用制作糕点的专用搅拌机搅拌。然后边一个个放入蛋黄,边中速慢慢搅拌,使其混入空气。

3 **2**内放入**1**,搅拌均匀。

4 蛋白、砂糖和盐制作柔软的蛋白霜。倒入**3**内搅拌均匀,最后放入粉类搅拌。

5 将面糊倒入烤碗中7分满（125g/个）,轻轻敲击,将表面振平,放入烤箱隔水蒸烤。[上火180℃/下火160℃:约30分钟:80℃的热水蒸烤]

6 烘烤完毕后静置约5分钟,从烤碗中取出装盘。

7 制作红葡萄酒酱汁。蛋黄内放入1/3砂糖、澄粉和约100g红葡萄酒,搅拌均匀。趁热倒入剩余的红葡萄酒和砂糖,略煮一会儿。

8 将酱汁倒入**6**的盘子,挤出打发淡奶油（150g/盘）,装饰上薄荷叶。

5　　　　6

Apfelstrudel
旋转苹果派

"strudel"是旋转的意思，将面糊像纸一样摊薄再卷起来的糕点。历史悠久，是维也纳的一道代表性糕点，起源于土耳其，也有说法是起源于波西米亚。

材料（长45cm~50cm，1个）		
Strudelteig	**面糊**	
Mehl	高筋面粉（或者法国面包粉）	250g
Salz	盐 2g	
Dotter	蛋黄 20g	
Öl	色拉油 30g	
lauwärmes Wasser	温水 120g	
Fülle	**馅料**	
Apfel	苹果 650g（约5个）	
Zitronensaft	柠檬汁 25g（约1个）	
Zitronenabgeriebenes	柠檬皮屑 1/2个	
Zimtpulver	肉桂粉 2.5g	
Rosinen mit Rum	朗姆酒渍葡萄干 75g	
geröstete,gehobelte Mandeln	烤杏仁片 20g	
geröstete Semmelbrösel	烤面包粉（下述） 50g	
geröstete Semmelbrösel	**烤面包粉**（使用下述中的120g）	
Semmelbrösel	（P105）的面包粉 100g	
Butter	黄油 50g	
Zucker	砂糖 50g	
zerlassene Butter	融化的黄油 100g	
Staubzucker	糖粉 适量	
Vanillesoe	卡仕达酱汁（P111-A） 适量	

制作方法

制作面糊
1 高筋面粉内放入盐、蛋黄、色拉油和温水（30℃），用制作糕点的专用搅拌机揉到表面光滑。
2 揉圆后表面抹上色拉油（分量以外），盖上保鲜膜，常温静置约30分钟。

制作馅料
3 烘烤面包粉。平底锅内放入黄油，加热融化，水分蒸发后，将面包粉和砂糖炒到上色。
4 苹果削皮，切成1/8的瓣状，然后切成3mm厚的片状。
5 放入柠檬皮、柠檬汁、肉桂粉、杏仁片和朗姆酒渍葡萄干，最后放入50g的**3**的面包粉，用来吸收水分。

将面团擀薄、卷上馅料
6 操作台上铺上棉布，将面团撒粉，用擀面棒擀成25cm正方形。
7 表面抹上融化黄油，将面团提起A，用手掌按压面团，从中间向外拉扯面团。期间使用手掌到胳膊的力量，将面团拉伸成透明的薄膜形状B（利用面团的重力）。放在布上，用手掌将没有伸展的面团拉伸。整理成60cm×60cm的大小。
8 表面抹上融化黄油，面前到2/3处撒上70g烘烤面包粉，放上馅料。
9 将面前较厚的部分切下，从面前开始把布提起，让面团向前移动卷起，卷成一团后，抹上融化的黄油A、B。
10 将收尾处较厚的面团切下，最后将面团拉伸卷起。将筒状的两端压紧，切下多余的面团翻过来。

烘烤
11 烤盘抹上黄油（分量以外），放上面团，抹上融化黄油，用刀子扎几个洞。
12 烘烤到表面呈焦黄色。期间在表面抹2遍融化黄油。
[上火210℃/下火150℃:25~30分钟]
13 烘烤完毕后趁热切分，撒上糖粉，倒上酱汁。

Erdbeerstrudel
旋转草莓派
卷起草莓、草莓酱和卡仕达奶油酱（P110-B）。

Milchrahmstrudel
旋转新鲜奶酪派
卷起奶酪（P90*²），放入烤碗中烘烤，以免成品中空。

7 - A   7 - B   9 - A   9 - B   11

Apfelstrudel
旋转苹果派

Erdbeerstrudel
旋转草莓派

Milchrahmstrudel
旋转奶酪派

107

Knödel
水果团子

直译为团子,其实是各种各样的面饺,也可以搭配肉类料理。马铃薯团子内包裹水果、果酱等,味道朴实却浓郁。

	材料（直径3cm~4cm，15个）	制作方法

制作方法

○ 草莓上部1/4～1/3处切下。草莓和杏冷冻备用。

制作马铃薯团子

1 锅内放入水和盐,加热到沸腾。离火,放入牛奶和马铃薯泥,搅拌均匀（加热到约60℃）。

2 放入蛋黄,边搅拌边用余热加热,放入柠檬皮屑。

3 锅底放上冰水,散热（35℃～36℃）,倒入制作糕点的专用搅拌机中,放入低筋面粉,搅拌均匀。

＋ 搅拌到没有黏性为止。

4 操作台撒上粉,揉到表面光滑。

5 用保鲜膜裹好,以免干燥,静置约20分钟。

填入水果揉圆、装饰

6 将面团分成25g,用手掌揉圆,各自包裹压平捣碎冷冻的草莓和杏。

7 锅内放入水和盐,加热到80℃,将**6**煮约15分钟。

8 用厨房用纸擦干水分,裹上烤面包粉。装盘,撒上糖粉。

材料（直径3cm~4cm，15个）

Kartoffelteig 团子

Kartoffelflocken	马铃薯泥	80g
Wasser	水	250g
Salz	盐	1g
Milch	牛奶	125g
Dotter	蛋黄	20g
Zitronenabgeriebenes	柠檬皮屑	1/2个
Mehl	低筋面粉	200g

geröstete Semmelbrösel 烤面包粉（p106） 适量

für Kochen 煮汁

Wasser	水	3L
Salz	盐	30g
Erdbeere	草莓	15粒
Marille	杏子（带皮糖渍罐头）	30片
Staubzucker	糖粉	

1

2

3

4

8

Mohnnudeln
罂粟籽面条

和面饺一样质地的面条,搭配黄油香甜罂粟籽酱汁。不仅在咖啡店,大多数餐馆中也供应这道甜点。

材料（长5cm，约100个）

Kartoffelteig	马铃薯面团（和上述一样）
für Kochen	煮汁（和上述一样）
Mohn geröstete	炒罂粟籽

Mohngemahlen	罂粟籽（P16*）	120g
Staubzucker	糖粉	100g
Butter	黄油	80g
Staubzucker	糖粉	适量

制作方法

炒罂粟籽

1 锅内倒入黄油,加热融化,水分受热蒸发后,放入罂粟籽（烘烤后磨碎）,继续炒。倒入方盘内,放凉后和100g糖粉均匀混合备用。

整形煮熟、装饰

2 将静置的马铃薯面团擀成直径2cm的棒状,斜着切成1cm宽（长3cm最合适）。将切好的面团用手掌揉成5～6cm长（两端揉细）。

3 将煮汁加热到沸腾,放入面团煮约10分钟（面团浮上来后再煮5分钟最好）。

4 煮好的面饺擦干水分,和1的炒罂粟籽混合装盘,撒上糖粉。

Knödel
水果团子

Mohnnudeln
罂粟籽面条

109

本书中使用的基础奶油酱与其他材料

有多种配方和做法。这里以本书中出现的糕点为例。

Vanillekrem
卡仕达奶油酱

Vanillesoße
卡仕达酱汁

Butterkrem
黄油奶油酱

Sahnekrem/Oberskrem
打发淡奶油

Canache
甘纳许（巧克力奶油酱）

Marzipan
翻糖

Krokant
焦糖杏仁酱

［水果果泥、果酱］

Kirschkompott
酸樱桃果泥

Aprikosenmarmelade
杏酱

Himbeermarmelade
覆盆子果酱

Ribiselmarmelade
红醋栗果酱

Vanillekrem
卡仕达奶油酱

卡仕达奶油酱一般不单独使用，或搭配打发淡奶油做成奶油酱，或搭配黄油奶油酱做成慕斯酱。这里介绍2种做法。根据搭配的糕点来调整浓度和甜度。

A：卡仕达奶油酱

材料（成品约350g）
牛奶　250g
香草豆荚　1/2根
蛋黄　60g
砂糖　60g
卡士达粉*　20g
搭配淀粉、香料、色粉等卡仕达奶油酱用粉。

做法
砂糖和卡仕达粉搅拌均匀备用。
1　铜锅内放入牛奶、剖开的香草豆荚、与砂糖混合的卡仕达粉、蛋黄，用打蛋器搅拌均匀。
2　边加热边不断搅成奶油酱。
3　将香草豆荚取出，倒入方盘内，表面紧紧盖上保鲜膜，碗底放上冰水冷却。

B：卡仕达奶油酱

材料（成品约700g）
牛奶　500g
香草豆荚　1/2根
蛋黄　80g
砂糖　150g
低筋面粉　30g
卡仕达粉*　20g
＊参考左述。

做法
1　铜锅内放入牛奶和剖开的香草豆荚，加热。
2　蛋黄内放入砂糖，用力搅拌，混入空气。
3　2内放入低筋面粉和卡士达粉，搅拌均匀。
4　3内放入1，搅拌均匀，倒回锅内。
5　边加热边不断搅拌到沸腾，加热到95℃以上。
6　倒入方盘内，表面紧紧盖上保鲜膜，碗底放上冰水冷却。

A：卡仕达奶油酱

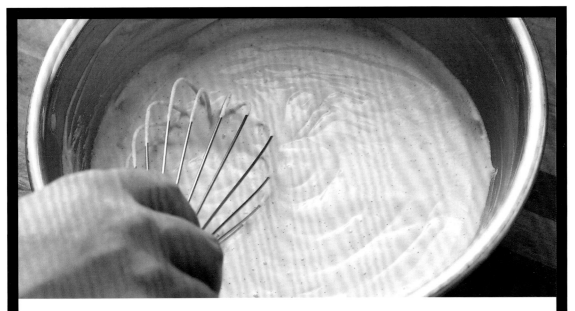

Vanillesoße
卡仕达酱汁

和卡仕达奶油酱不同,卡仕达酱汁里不放入面粉,所以流动性较高。这里介绍2种比例。根据需要放入淀粉来调整浓度。
如果放入酒类丰富味道,需要先放凉再放入。

A:卡仕达酱汁

材料(成品约1300g)
牛奶　1000g
香草豆荚　1/2根
蛋黄　160g
砂糖　200g

做法
1　牛奶内放入剖开的香草豆荚加热。
2　蛋黄内放入砂糖,用力搅拌,混入空气。
3　2内放入1,搅拌均匀,倒回锅内B,边加热到85℃边搅拌均匀。
4　过滤到碗内、碗底放冰水冷却。

B:卡仕达奶油酱

材料(成品约700g)
牛奶　500g
香草豆荚　1根
蛋黄　80g
砂糖　100g
卡士达粉(P110*)　10g

做法
1　牛奶内放入剖开的香草豆荚加热。
2　蛋黄内放入砂糖,搅拌到颜色发白,放入卡士达粉。
3　2内放入1,搅拌均匀A,过滤到锅内B,边用力搅拌边加热到沸腾C。
4　倒回碗内,碗底放上冰水冷却。

B:卡仕达酱汁

3-A　　3-B　　3-C　　4

111

Butterkrem
黄油奶油酱

黄油奶油酱是德国、维也纳糕点中不可或缺的奶油酱，可用于制作各种糕点。放入黄油，以此为基础，调整味道或者硬度来搭配糕点。可以搭配其他材料或者奶油酱使用，也可以装饰在糕点上。

A：黄油奶油酱

材料（成品约500g）

黄油　225g
淡奶油　150g
砂糖　150g
蛋液　50g
盐　2g
香草精　少量

做法

1 碗内放入砂糖、蛋液和盐，用打蛋器搅拌均匀，放入淡奶油继续搅拌。

2 倒入锅内，边加热到沸腾边用力搅拌。过滤到方盘内，覆上保鲜膜，碗底放上冰水冷却。

+ 并不像卡仕达奶油酱一样黏稠，所以保鲜膜无法紧贴。

3 用制作糕点的专用搅拌机搅拌黄油，搅拌到柔软、没有疙瘩的状态，继续搅拌以混入空气A。放入**2**和香草精，搅拌均匀B。

B：黄油奶油酱

材料（成品约1200g）

黄油　600g
水　340g
奶粉　30g
卡士达粉（P110*）　42g
砂糖　120g
盐　3.6g
蛋黄　24g
砂糖　40g

做法

1 锅内倒入分量内的水，加热到沸腾。

2 放入奶粉、卡士达粉、120g砂糖和盐，搅拌均匀，倒入**1**的热水继续搅拌。

3 蛋黄内放入40g砂糖，用力搅拌，混入空气。放入**2**内搅拌均匀。

4 倒入锅内，边加热到沸腾边搅拌到黏稠的奶油酱。

5 散热，放入柔软的黄油A，用制作糕点的专用搅拌机搅拌B。

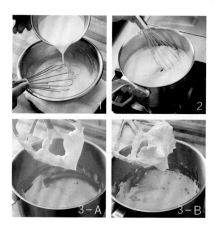

巧克力黄油奶油酱

将调温巧克力切碎，隔水加热融化（约55℃），放凉到约28℃。和黄油奶油酱混合后就做好了。

+ 分量参考对应的糕点。

咖啡黄油奶油酱

黄油奶油酱内放入咖啡香精*，搅拌均匀。

+ 分量参考对应的糕点。

* 泥状、味道浓郁的咖啡香料。也可以将速溶咖啡粉用等量的水溶解使用。

Sahnekrem/Oberskrem
打发淡奶油

打发的淡奶油也叫做Sahnekrem/Oberskrem。可以做成各种打发淡奶油。大多放入吉利丁片。单纯放入砂糖的打发奶油一般需要放入10%的糖。

打发淡奶油

材料

淡奶油

糖浆或者糖粉

吉利丁片（根据用途放入）

调味的材料（利口酒、香草籽、速溶咖啡粉等）

+ 分量参考对应的糕点。

做法

淡奶油内倒入糖浆A，碗底放上冰水，边冷却边打发。

打发成有小角立起的完全打发状态B。

香草打发淡奶油

上述的打发淡奶油内放入香草籽（将香草豆荚纵向剖开，刮出香草籽），打发。

使用香草泥而不是香草籽时，使用下述2中咖啡的放入方法。

咖啡打发淡奶油

做法

1 速溶咖啡粉用等量的水溶解，放入咖啡利口酒等。利口酒可以放入喜欢的口味。

2 将上述的打发淡奶油（完全打发）放入少量1，搅拌均匀A，放入剩余的淡奶油B，用打蛋器搅拌均匀。

+ 分量参考对应的糕点。

吉利丁打发淡奶油

做法

1 淡奶油内放入糖浆，碗底放上冰水，边冷却边打发到8分发。

2 将泡软的吉利丁片拧干水分，隔水加热融化（放入酒类、果泥、果酱等水分较多的材料时，和吉利丁片一起加热）A。放入打到8分发的淡奶油，搅拌均匀B，均匀混合后彻底打发C。

草莓打发淡奶油

材料和分量参考P96的蛋白霜黄色海绵蛋糕。做法参考上述，和2的吉利丁一起放入草莓果泥。

巧克力打发淡奶油

做法

1 碗内放入切碎的巧克力（调温巧克力），倒入加热到沸腾的淡奶油，搅拌均匀（使用搅拌机更容易乳化）。淡奶油和巧克力的比例以2：1最合适。

2 表面覆上保鲜膜，放入冰箱冷藏1天，第二天用制作糕点的专用搅拌机打发。

+ 将打发淡奶油放入融化的巧克力中进行制作，参考P89的糖心巧克力蛋糕。

放入果仁时参考P62的吕贝克果仁蛋糕。

放入果仁和巧克力时参考P88的斯蒂芬妮蛋糕。

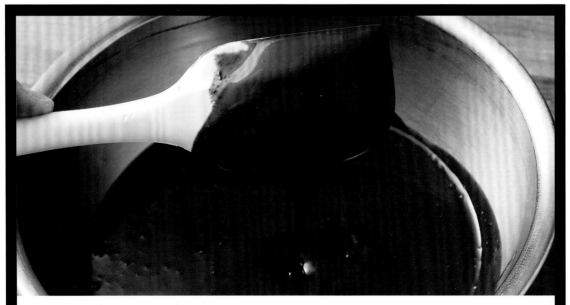

Canache
甘纳许巧克力

本书中使用的甘纳许巧克力分为巧克力和淡奶油为1：1的基础甘纳许和放入牛奶、黄油等的维也纳甘纳许2种。在维也纳，甘纳许也叫做"Pariserkrem"。

Canache
甘纳许巧克力

材料（成品约1000g）
调温巧克力（甜）　500g
淡奶油　500g

做法
1　碗内放入切碎的调温巧克力，倒入加热到沸腾的淡奶油。
2　用橡皮刮刀从中心一点点搅拌融化A、B，然后用搅拌机搅拌融化C、表面盖上保鲜膜，常温放凉。

咖啡甘纳许参考P22的咖啡奶油派。

Pariserkrem
甘纳许巧克力2

材料(成品约1800g)
牛奶　500g
黄油　335g
调温巧克力（甜）　835g
调温巧克力（牛奶）　170g

做法
1　牛奶、黄油放入单手锅内加热。
2　黄油融化后，放入2种调温巧克力A，边搅拌边加热到85℃B。
3　倒入碗内，奶油酱表面紧紧覆上保鲜膜，冷藏保存。至少静置1晚。

Marzipan
翻糖

将杏仁和砂糖搅拌成泥状。虽然作为基础的杏仁糖（杏仁和糖的比例是2:1）是成品，但也可以在家里制作。然后调整甜度和硬度，大多使用杏仁膏。

Marzipanrohmasse

私家杏仁糖

材料（基本分量）
杏仁　500g
砂糖　250g

做法

1 将用热水焯过的杏仁和砂糖搅拌均匀，倒入食物料理机中搅拌B。
2 搅拌成蓬松的泥状后，再搅拌7~8次，放在蛋糕架上A、B。
3 倒入铜锅内，边用木铲搅拌，边隔水加热到60℃。

Marzipanmasse 杏仁膏

杏仁糖内放入砂糖揉成杏仁膏A。用于覆盖蛋糕时，使用400g杏仁糖、135g糖粉。边撒糖粉边擀薄使用B。

Krokant
焦糖杏仁

焦糖杏仁的基础比例一般是砂糖占总量的1/3~2/3。果仁除了使用杏仁（带皮或不带皮），还有榛子仁、核桃等。

焦糖杏仁

材料（基本分量）
杏仁碎　150g
麦芽糖　25g
砂糖　250g
食用色素（红色）　适量

做法

1 铜锅内倒入麦芽糖，加热融化，一点点放入砂糖搅拌均匀。

2 将提前用烤箱烘烤的杏仁切碎放入A，杏仁碎炒出香味后，放入红色色素B。
3 倒入耐热器中，用擀面棒擀薄A。静置一会儿散热，用菜刀切碎B。
4 网目约5mm宽的滤网和笊篱叠加，放入**3**中过筛。
+ 滤网、笊篱、纸、焦糖杏仁会越来越细。根据喜好选择合适大小的焦糖杏仁。

水果果泥、果酱

Kirschkompott
酸樱桃果泥

选用酸味较强的酸樱桃，不放入淀粉。冷冻、水煮罐装、瓶装（无糖）都很容易购买。

材料（成品约800g）
酸樱桃　400g
酸樱桃果汁　240g
砂糖　150g
澄粉*　45g
肉桂粉　少量
樱桃力娇酒　20g

做法
1　砂糖和澄粉均匀混合。
2　锅内倒入酸樱桃果汁，放入1搅拌均匀。
3　边加热边用打蛋器不断搅拌A，煮到沸腾，凝固成糊状B，放入酸樱桃。用橡皮刮刀用力搅拌，将酸樱桃搅碎，均匀混合C。放入樱桃力娇酒D。
4　倒入方盘内，撒上肉桂粉，覆上保鲜膜，盘底放上冰水冷却。

Ribiselmarmelade
红醋栗果酱

红醋栗在英语中叫做"Red currant"，也叫做红加仑。颗粒较小，形状类似房子，酸味较轻。也叫做"Johanisbeere"。林茨烘烤糕点（P92）的必备果酱。

材料
红醋栗（冷冻）　100g
红醋栗（冷冻果泥）　200g
砂糖　240g

做法
铜锅内放入红醋栗、果泥和砂糖，煮到糖度75。

Aprikosenmarmelade
杏酱

杏酱的味道较酸，适合搭配较甜的糕点，常用于黏着蛋糕、翻糖的底酱，呈现光泽和防止干燥。在奥地利，杏也叫做 "Marille"。

材料

杏（冷冻、带皮） 1kg
砂糖 1.3kg
杏泥 100g
柠檬汁 100g

做法

1 铜锅内倒入除柠檬汁之外的材料，煮到糖度75。
2 煮好后倒入柠檬汁。
+ 用于黏着蛋糕时直接使用即可A。
+ 作为翻糖的底酱抹在蛋糕上，或者为了呈现光泽和防止干燥，需要放入少量砂糖、麦芽糖和水重新煮一下B。比例是1kg果酱对应50g砂糖、50g麦芽糖、100g水。倒在不锈钢操作台上，立刻就能凝固，这样的浓度才可以。使用市售的杏酱时也采用这种方法。

 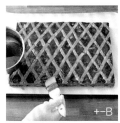

Himbeermarmelade
覆盆子果酱

覆盆子（木莓，英语 "raspberry"，法语 "framboise"）是一种常用来制作红色果酱的水果。颗粒较大，所以一般过滤使用。

材料

覆盆子（冷冻）、砂糖 各1kg

做法

1 玻璃碗内放入冷冻覆盆子，盖上砂糖，静置1天。
2 倒入铜锅内，边加热边搅拌，注意不要煮焦。
3 过滤取出种子A，煮到糖度70B（右边是成品。达到画出线来能残留痕迹的浓度C）。

German Kashi Wien Kashi

Copyright © Tsuji Culinary Research Co., Ltd. 2014

Photograph Copyright © Satoshi Shiozaki 2014

First published in Japan 2014 by Gakken Education Publishing Co., Ltd., Tokyo

Chinese simplified character translation rights arranged with Gakken Plus Co., Ltd. through Nippon Shuppan Hanbai Inc.

本书由日本株式会社学研教育出版授权北京书中缘图书有限公司出品并由煤炭工业出版社在中国范围内独家出版本书中文简体字版本。

著作权合同登记号：01-2016-2427

图书在版编目（CIP）数据

零基础德式家庭甜点 / 日本辻制果专门学校编著；
周小燕译. --北京：煤炭工业出版社，2016
　　ISBN 978-7-5020-5477-9

　　Ⅰ . ①零… Ⅱ . ①日… ②周… Ⅲ . ①甜食 – 制作
Ⅳ . ① TS972.134

中国版本图书馆 CIP 数据核字（2016）第 202174 号

零基础德式家庭甜点

编　著	日本辻制果专门学校	**译　者**	周小燕
策划制作	北京书锦缘咨询有限公司（www.booklink.com.cn）		
总策划	陈庆	**策　划**	李伟
责任编辑	马明仁	**特约编辑**	郭浩亮
设计制作	柯秀翠		

出版发行　煤炭工业出版社（北京市朝阳区芍药居35号　　100029）
电　话　010-84657898（总编室）
　　　　　　010-64018321（发行部）　　010-84657880（读者服务部）
电子信箱　cciph612@126.com
网　址　www.cciph.com.cn
印　刷　北京彩和坊印刷有限公司
经　销　全国新华书店

开　本　889mm×1194mm$^1/_{16}$　**印张**　7$\frac{1}{2}$　**字数**　120千字
版　次　2016年11月第1版　2016年11月第1次印刷
社内编号　8340　　　　　　　**定价**　46.00元